建筑设计系列 7

日本奇迹住宅

[日] 建筑知识编辑部　编
朱轶伦　译

上海科学技术出版社

目录
contents

1960
年以前

20世纪60
年代

20世纪70
年代

20世纪80年代

20世纪90年代

2000年以后

期刊内容复刻

1960年以前

时代概括

小住宅时代

小住宅诞生

第二次世界大战结束后的5年是一个让建筑师和研究人员尝试理论性居住意识变革或者说助跑的时期。《住宅金融公库法》(1950年)、《公营住宅法》(1951年)、《日本住宅公团法》(1955年)等战后住宅政策三大支柱出台的20世纪50年代可以说是战后住宅真正的起点。

日本住宅公团继承了公营住宅的标准设计"51-C型"中所采用的DK(Dinning Kitchen,包含厨房和餐厅的住宅结构)形式,推动了RC(Reinforced Concrete,钢筋混凝土)结构的中高层集体住宅这种形式向全国普及;三大支柱之首的《住宅金融公库法》成为了推动自主建造式私房主义的衡量准则。因为特需购买景气为背景带来的公库融资小住宅建设热潮使得建筑师们也开始积极参与了进来。《新建筑》杂志上各样的小住宅竞赛聚集了大量领先时代的优秀提案,成为了肩负战后建设的新人走向成功的龙门。在这个时期的小住宅中,以平房盖人字屋顶为主。底层架空多层建筑形式是在**吉阪隆正**的"自宅"(1955年)以及"浦宅"(1956年)两作左右的时期开始出现的,想必是受到了柯布西耶的影响。这种形式的住宅自丹下健三的"自宅"(1953年)开始,优秀作品百花齐放,到**菊竹清训**的"空中住宅"(1958年)时终于结果了。

小住宅的顶点和极限

建筑师和小住宅的蜜月期伴随着50年代一同走向了末期,阴云逐渐笼罩而至。

八田利也(※)于1958年发表的评论文章《小住宅万岁》犹如一枚石块在建筑界激起千层涟漪。建筑师摸索得来的一般方法中,小住宅已经是固定的"L+nB"(Living Room+n Bedroom,一个起居室、多个卧室)形式,往后也不再需要建筑师参与就可以继续发展下去,住宅也有向量产型和豪华型两极分化的趋势,对于小住宅来说建筑师的使命可以说已经完成了。"空中住宅"的诞生和"小住宅万岁之争"成为了昭示小住宅设计顶点和极限的象征。

60年代的主角之一装配式建筑业界自**大和房屋工业**的"简易房屋"(1959年)之后,许多住宅建造商也乘着技术革新的势头开始大展拳脚。

※:矶崎新、伊滕郑而、川上秀光等合用的笔名。

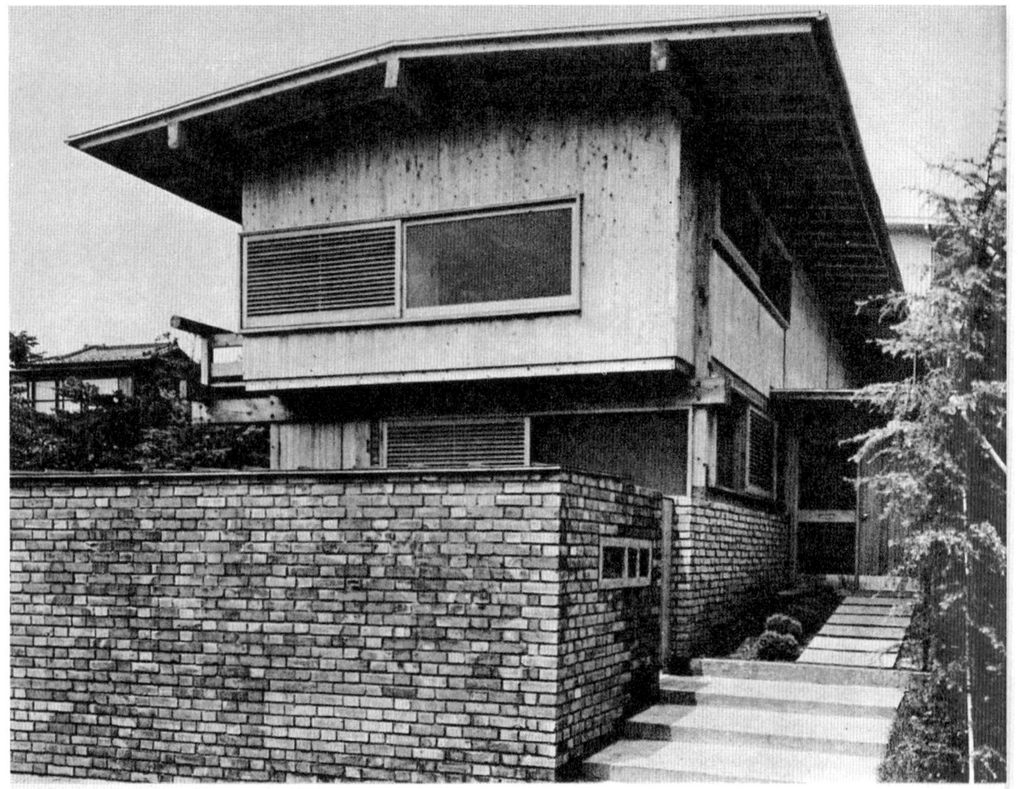

东面山墙处的玄关入口，前方的砖墙护栏也兼做仓库使用

依坡而建的住宅

东京 · 尾山台

设计 林　　雅子
施工 菊地建设公司

从东面看到的全景

摄影 平山忠治

在战后紧张忙碌充满变数的生活中，住宅也才刚走上进步的道路，创刊特辑《当今住宅与生活》的卷首印刷就是现代起居的旗手林雅子的“依坡而建的住宅”。——1959年1月刊

从过往的《建筑知识》杂志看
建筑历史
1960年以前
小住宅时代

本稿登载作品　建筑历史中发生的事情

1959年4月刊《厨房的研究》

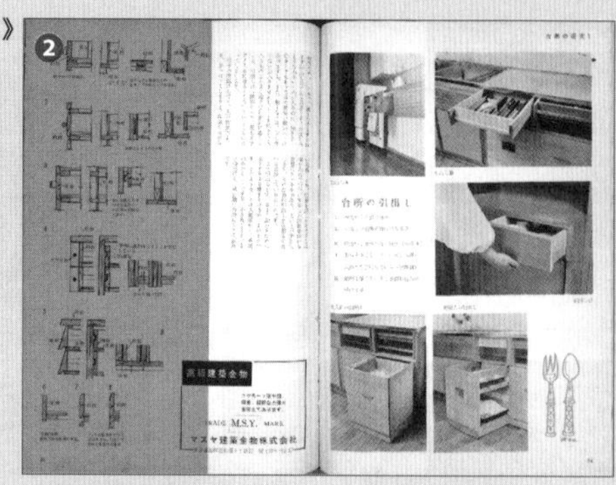

有条有理地摆放烹饪工具

战后的小型住宅要如何设计厨房呢？机械化之后占用面积较大的烹饪工具要如何摆放呢？通过实例来探索今后厨房的发展方向——❷

连载《厨房的研究》(4月刊)

地脚螺栓＋白萝卜＝？

在内田祥哉相关的报道中，曾有过在浇筑混凝土之前把地脚螺栓穿着白萝卜一同浇筑这种骇人听闻的方法

连载《实验性公团轻型钢架住宅的报告之一》(2月刊)

1958年以前	1959年	1月	2月	3月	4月

1958年以前

- **清家清“斋藤副教授的住宅”**(1952年)
- **吉阪隆正“浦宅”**(1956年)
- **林雅子“依坡而建的住宅”**(1956年)
- **池边阳“No.38(石津邸)”**(1958年)
- **前川国男“晴海高层公寓”**(1958年)
- **菊竹清训“空中住宅”**(1958年)

1月

- **《公尺计量法》开始实施**
  废除了以往用来表示尺度的长度单位，除了建筑和土地的标牌以外的地方都实行了《公尺计量法》(从1966年4月1日开始全面实施)

4月

- **《建筑基准法》修正**
  强化了放在部分的规定。强化了木结构住宅墙面度量的规定，地板面积相当的必要墙面长度、框架的种类和墙面倍率重新修正

苏联人眼中的日本景观

苏联访问日本的建筑工会代表团对箱根的富士屋旅馆非常感慨，又对马路边随处可见的弹珠房(多为赌博机)异常愤慨

报导《苏联建筑工会代表在日本所看到的》(3月刊)

《公尺计量法》来了，准备好了吗？

《公尺计量法》的完全实施就在眼前，模块化研究的权威池边阳对尺和公尺单位的讲座　第1回

连载《“公尺计量法”和建筑的尺寸测量问题》(1月刊)

简而言之万事一新

日本住宅公团最初的10层楼高层出租住宅，也是日本高层集体住宅的原点，对“晴海高层公寓”从技术层面详细解说——❶

特别报导《晴海高层公寓》(1月刊)

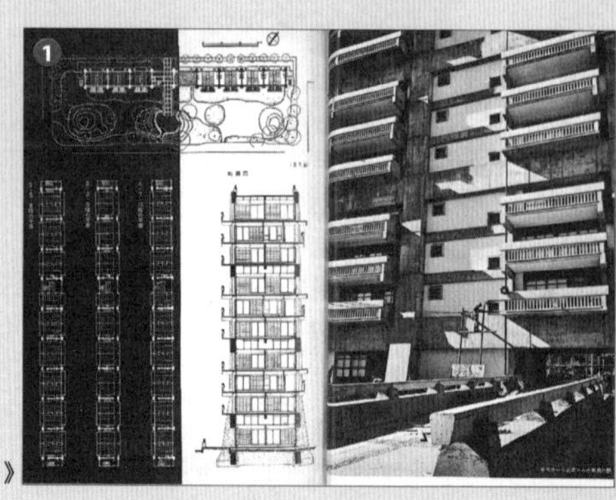

1959年1月刊《晴海高层公寓》

防水的秘药

把肥皂作为防水剂添加到混凝土里到底有没有用？施工现场也常有这样的疑问。大井元雄技师通过科学的方法对其作了解答，断言“添加肥皂并不能防水”

报导《钢筋混凝土和防水》(10月刊)

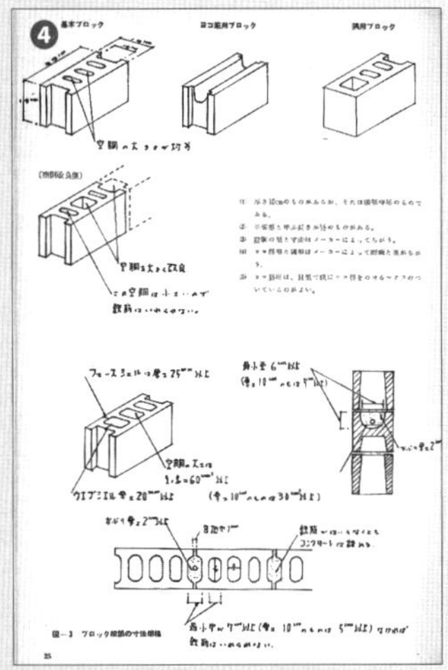

1959年10月刊《关于混凝土砖块建筑》

便宜没好货吗？

关于政府出台《廉价住房政策》后建造的各种公共住宅的品质，池田亮二作出了尖锐的评价

连载《公寓和贫民窟之间》(5月刊)

世事无常
——混凝土砖块建筑的故事

这是一个全国到处都有混凝土砖块(CB)建筑的时代。《建筑知识》也登载过许多期CB建筑的特辑——❹

连载《关于混凝土砖块建筑》(10月刊)

5月　6月　7月　8月　9月　10月　11月　12月

- 5月 增泽洵“案例研究用住宅(伊东邸)”
- 6月 国立西洋美术馆开张——❸
- 9月 伊势湾台风登陆
- 10月 大和房建工业“微型住宅”

钢架建筑的意义

富士制铁厂所规划的钢架国营住宅设计方案中，广濑镰二对使用钢架结构建造国营住宅的意义作了解说

文章《关于公营住宅标准设计方案》(6月刊)

自然灾害多发国家的命运

对于降低伊势湾台风的受灾情况，住宅金融荣公库的标准模板对于木结构住宅作出了技术上的贡献，然而风力影响受灾情况得到缓和的同时，水灾造成的灾害情况却较为严重。今后建筑抗水灾的能力仍需增强

连载《伊势湾台风的教训(上)》(11月刊)

1959年7月刊《凹版印刷·国立西洋美术馆》

时代向着工业化发展而去

社会和机械技术协调发展的将来，建筑的工业化也是必然的结果

文章《机械化和建筑》(12月刊)

清家清

Seike Kiyoshi

(1918—2005)1941年于东京美术学校(现东京艺术大学),1943年毕业于东京工业大学。复员后出任东京工业大学副教授,并于1962年任教授。为东京工业大学名誉教授。20世纪50年代通过革新的小住宅作品给出了都市住宅的雏形。

传统和现代的融合

第二次世界大战结束后,在建筑资源不足的状况下如何对近代建筑的造型性进行表现成为了一个课题。在这样的背景下,清家清就提出了一个以日本为基准的现代化住宅模式提案。

"斋藤副教授的住宅"是清家清初期的名作。这是一处建筑面积约为60 m^2(原文"18坪",坪按照约等于3.3 m^2换算,后同)的小住宅。通过在结构上施以功夫减少横梁的方式,构建出向外部空间平缓过渡的特点。

竣工时的户主为夫妇二人和两个孩子组成的家庭,为了将来北侧扩建而省去了浴室部分。同时保留了西端约5 m^2(原文"3叠",叠按照约等于1.62 m^2换算,后同)的卧室作为私人房间的独立性,而以起居室为中心营造出了宽阔的公共空间。整片平坦的天花板、设有可动式榻榻米的地板等,宛如密斯·凡德罗的全面空间理念一般。凉台以及隔开外部空间的木结构都采用了玻璃门和挡雨百叶窗,在南侧设有一处平台,连接向庭院。日本式的感性和现代化融合的清家清设计近年来虽然很遗憾地逐渐瓦解了,然而作为当今住宅设计灵感的源头却依然得到了传承。

◆ 斋藤副教授的住宅 [1952年]

结构:木结构平房 | 施工:中野建设公司

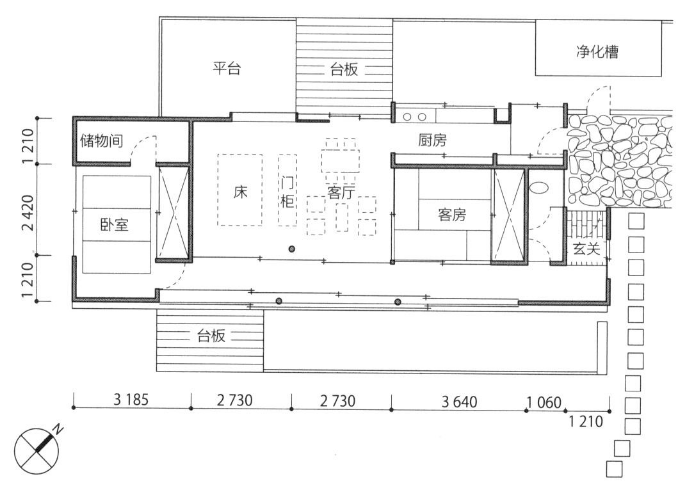

平面图1:200

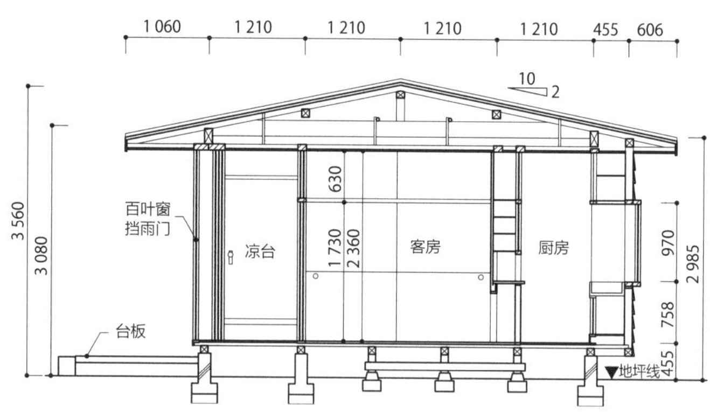

剖面图1:100

《建筑知识》1962年11月刊的特辑《读者评选的作家和作品(第3回)》中,介绍了以水泥砖结构为中心的住宅(第1回为吉田五十八先生,第2回为池边阳先生)。1983年7月刊的300期特辑《作为原点的设计精神》中,登载了清家清关于用自己住宅所做实践的采访。在《我的草稿画法》中登载了许多珍贵的草图。

照片上:从地基斜坡向西北侧延伸出去,营造出轻巧的悬空结构
下:屋顶张贴的银杉纹理和纸在南侧平台反射进来的阳光下闪闪发光
(材料提供:Design System 摄影:平山忠治)

吉阪隆正

Yoshizaka Takamasa

(1917—1980)1941年毕业于早稻田大学理工学部建筑学科。1950年接受法国政府公费留学，师从勒・柯布西耶两年。1954年创立吉阪研究室(1964年改称U研究室)。在保有“个体”个性的同时，将其聚合成“不连续的统一体”的思考方式，对建筑和都市规划带来了很大的影响。

人工土地提案

吉阪受到柯布西耶的都市设计理论强烈的影响，在1955年于东京新宿区百人町建造了自己的住宅，作为“人工土地(※)”概念的起源。“浦宅”就采用了其在自宅中不断尝试的底层架空多层建筑形式的人工土地设计，也可以说是菊竹清训“空中住宅”的先驱作品。

公室区和私室区的两个正方形平面区块被底层架空多层结构托举起来。两个区块连接处的楼梯和大厅中，阳光可以通过黄金比例分割的亚克力块照射进来。架空部分不仅可以作为停车场，同时也可以作为儿童游乐场等室外活动用的场所。在柯布西耶使用粗糙清水混凝土营造雕塑质感的影响下，吉阪也拥有自己独特的厚重混凝土的表现力。虽然竣工后为了扩建道路把入口的雪松砍伐掉了，但是回归了树木茂密前的竣工当时的样子。可以看到申报有形文化财产后也受到了足够多的关照。当时住宅设计中还没有“都市”这样的问题意识，人工土地的提案对于之后的各种都市住宅思路也可以说是一个契机。

◆ 浦宅 [1956年]

结构：钢筋混凝土2层 | 施工：横田建设

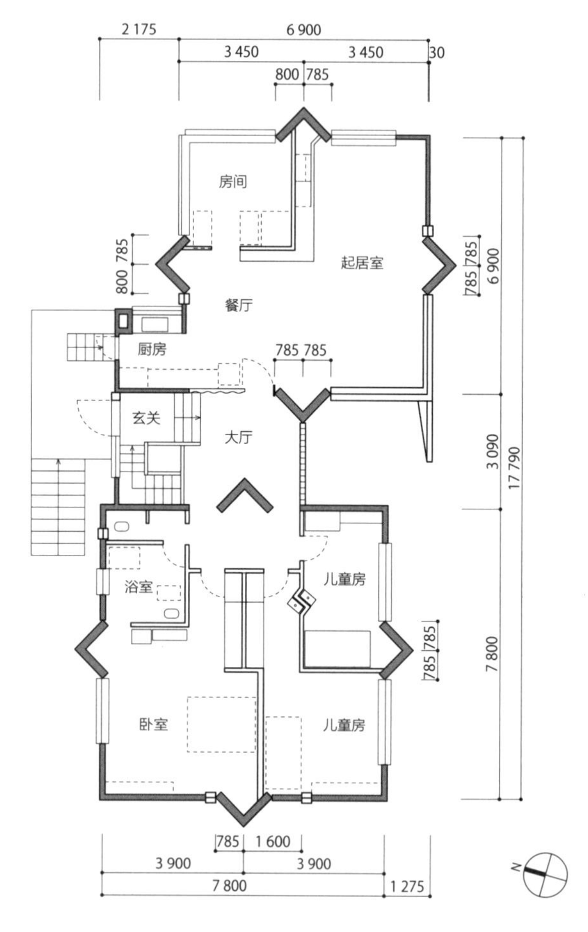

2楼平面图1:200

吉阪和户主浦太郎氏在巴黎结识，参观了勒・柯布西耶的瑞士馆后，浦氏就委托了吉阪设计自己的住宅。吉阪就想到了用2个正方形来组合的计划，使用底层架空多层建筑的人工土地形式来营造开放感。他提出了可以作为公共空间使用的住宅方案，并最后走向了社区营造方向。
——斋藤祐子(网站代表・原U研究室)

※：基础设施完备的钢筋混凝土结构的永久土地。

照片：西侧外观，现在因为道路扩建施工的原因，入口空间成为了道路的一部分
(摄影：北田英治)

以个人生活为主的一栋楼和以家庭生活（为主的一栋楼，分别建造而又连接在一起的案例）

浦宅（北侧外观。左侧是老人居住以及家庭活动用的楼。右侧是夫妇、孩子生活的楼，使用玄关、厅堂连接在一起）

自1963年4月刊《读者评选的作家和作品⑤吉阪隆正和他的建筑论》

林雅子

Hayashi Masako

（1928—2001）1951年于日本女子大学家政学部艺术科住宅专业毕业后师从清家清。1958年和中原畅子、山田初江一起创立了林·山田·中原设计同人事务所。通过一系列的作品获得了1981年女性首个建筑学会奖。在现代化的同时也以居住舒适度为中心展开了住宅设计工作。

居住舒适度和现代化

林雅子认为建筑的本质在于住宅上，因而接手了不少个人客户的独栋住宅设计。她所设计的住宅充满新意，充分考虑到了家庭生活的需求，简洁舒适同时又营造了现代化的空间。林雅子在男性为主的建筑设计界有着扎实的实际成果积累。

“依坡而建的住宅”是一处占地约92 m^2的木结构2层建筑。东侧向下倾斜，地面有约3.5 m的高低差。建造时利用了斜坡自然地将住宅地面分为三个不同水平位的平面。地势较低的位置分为两层，缓坡人字形屋顶形成整体覆盖。1楼入口、走廊、客厅、厨房等的地面采用混凝土浇灌地面铺沥青砖片构成。榻榻米房间的卧室和客间稍微高一阶。2楼卧室打通屋顶和客厅连接在一起。这个作品后来成为了这位在住宅史上颇有建树的女性建筑师的龙门一跃。

时代洪流虽然向着住宅工业化方向流去，林雅子却逆流而上，以住户生活为中心设计的住宅千差万别。虽然不能并入日本住宅史的主流，但是与现代很多设计却是一脉相承的。

◆ 依坡而建的住宅 [1956年]

结构：木结构2层 | 施工：菊地建设公司

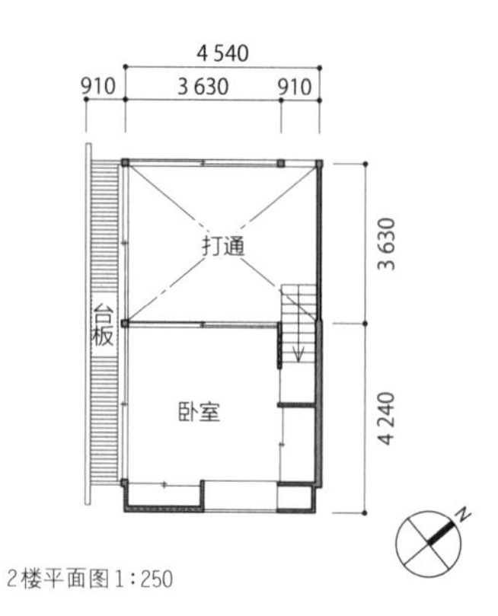

2楼平面图1：250

1楼平面图1：250

“依坡而建的住宅”被作为《建筑知识》创刊号（1959年1月）的卷首装饰。与林雅子刚完婚的林昌二以轻快绝妙的文笔为其作了介绍文，并配以插画图纸来对近代生活和居住的关系作了解说。将地面整平后再建造住宅未免显得平淡无奇，而活用斜坡建造出来的住宅说不定就会更完美。林昌二在其中描述了作为该住宅项目根本的思考方式。

照片：前方为卧室。深处南面为客厅和厨房等生活设施
（材料提供：白井克典设计事务所　摄影：平山忠治）

自1959年1月刊《当今的居住与生活》

池边阳

Ikebe Kiyoshi

(1920—1979)1942年东京帝国大学工学部建筑学科毕业后，继续攻读硕士学位。1944年进入坂仓建筑研究所。1946年在东京大学执教。1950年发表了追求住宅合理性的《立体最小限度住宅》，对住宅的功能主义理论通过建筑的方式具象化。并于1955年成立样板房研究会，把大量精力投入到样板房的研究中去。

箱形、样板房

池边阳在战后着力于住宅的工业化和单元化设计的研究中，自己也设计了很多住宅。

“石津邸”和增泽洵的“伊东邸”一样作为案例研究用的住宅之一诞生出来(参照18页)。户主是创立了“VAN”并把Ivy Look带入日本时尚界的领军人物石津谦介。

由于该处是战后池边阳住宅实验《住宅No.系列》的第38作，因而取名“No.38”。

钢筋混凝土结构清水混凝土的箱形结构，内部通过高度差来营造出富有变化的空间结构，并且也便于未来儿童房间等的扩建。采用了L字形环绕中庭的布局，高密度而又与自然共生的都市型住宅样板房提案。作为20世纪50年代的著名住宅，设计师在单纯明快的箱形建筑中，充分融入了居住者充满个性的生活痕迹而才得以完成。其后宫胁檀又承担了2楼平台的扩建工作等。

大量最小限度住宅在50年代被造了出来。箱形和样板房的思考方式其后被南波和彦参考用来进行“箱体住宅”系列，一直留存到现代。

◆ No.38（石津邸）[1958年]

结构：钢筋混凝土结构2层｜施工：白石建设

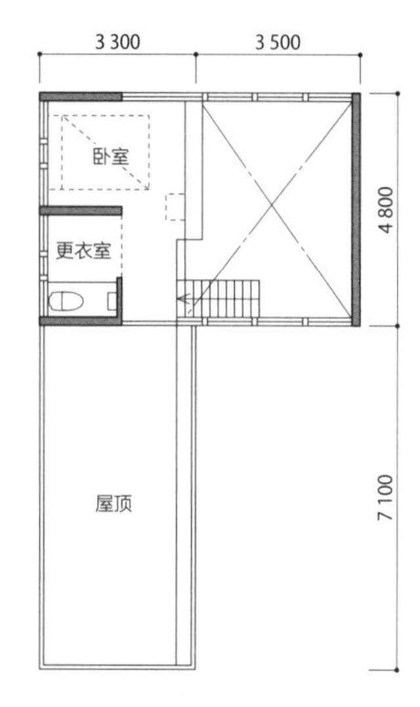

2楼平面图1:200

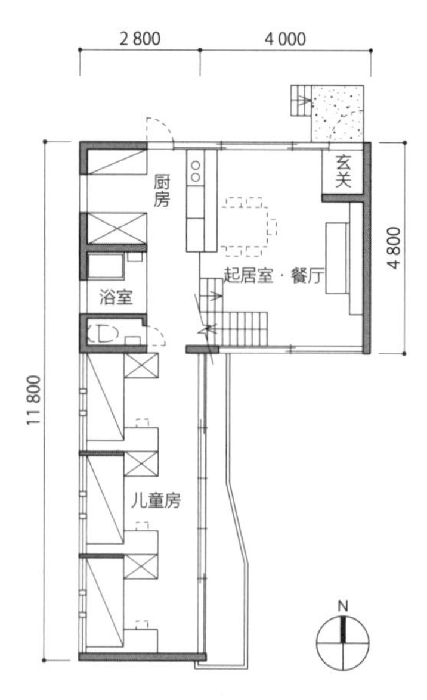

1楼平面图1:200

《建筑知识》1962年9月刊的特辑《读者评选的作家和作品(第2回)·池边阳和样板房》中，详细登载了自1966年公制计量法完全实施之后作为样板房权威的池边阳的实际作品和其解说。日本原本虽有尺和寸这种标准长度计量单位，但在统一长度单位后建筑业也和工业强力结合在了一起。

门窗部分的设计反映了其对内部空间的影响，以及其作为工业化元素的意义。这对于住宅，或者说从样板房的立场上来看是很重要的。

研究室的门窗部分设计的一个特征是积极使用固定玻璃……

关于Leaf（叶）

住宅 No. 38 起居室

自1962年9月刊《读者评选的作家和作品②池边阳和样板房》

菊竹清训

Kikutake Kiyonori

（1928—2011）1950年早稻田大学理工学部建筑学科毕业之后于同年进入竹中建设公司工作。在村野・森建筑设计事务所工作之后于1953年开设菊竹清训建筑设计事务所。代谢运动组织的中心成员，设计了岛根县立博物馆（1959年）、出云大社厅舍（1963年）、久留米市民会馆（1969年）等众多公共建筑物。

新陈代谢理论的住宅

菊竹清训作为20世纪60年代建筑运动主流的Metabolism（新陈代谢理论）组织的主要成员，青年时代设计了"出云大社厅舍"（1963年）等在建筑史上留名的建筑物。

"空中住宅"是新陈代谢理论的一个优秀案例，属于战后住宅史上的一座金字塔。正如"空中住宅"其名，一边约10 m的正方形平面钢筋混凝土结构的箱体通过4根墙面立柱支撑高耸到半空中。屋顶为双曲抛物面结构。正方形平面的单词里，以夫妇生活为单位，构成空间的设施，在里面设有浴室、厨房、收纳三个称为可动模组（Move Net）的生活设施。可动模组可以根据住宅功能变化来移动以及更换，儿童房也作为模组架在底层架空部分。这是个与中央核心相反的思路，在上下方向扩建这个设定也是崭新的。竣工后随着周边环境的急剧变化而多次变更，现在底层架空部分也已经完全居室化了。

这个住宅也成为了向小家庭化变化的生活方式的新型家庭表现方式住宅的原型之一。

◆ 空中住宅［1958年］

结构：钢筋混凝土结构2层｜施工：白石建设

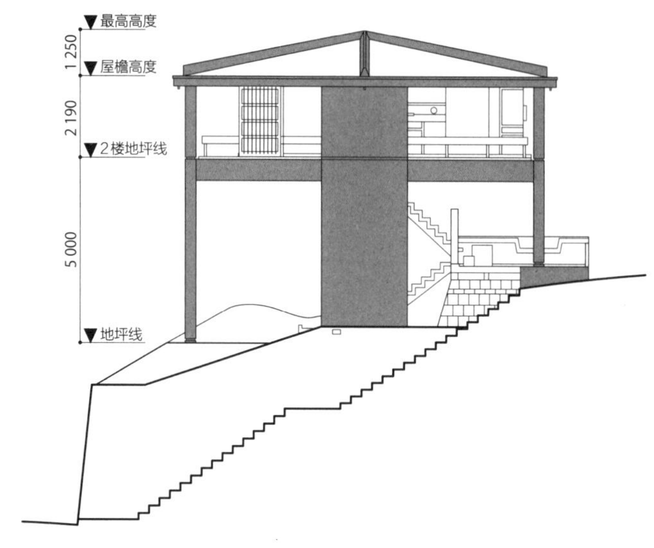

南侧立面图1：200

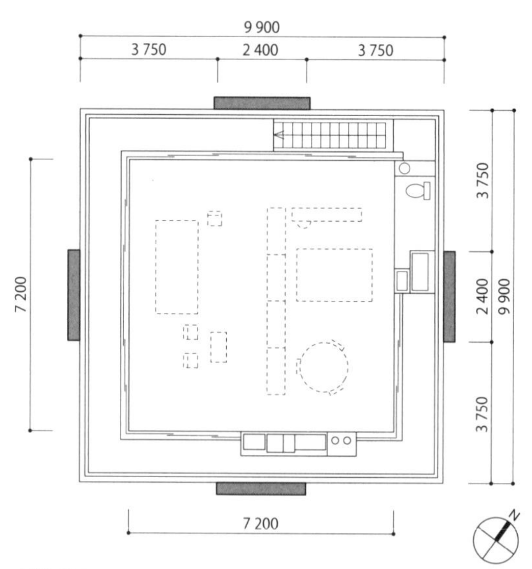

2楼平面图1：200

《建筑知识》1979年2月刊的创刊20周年特辑《20年20人的细节II》中，铃木恂就"空中住宅"发表了《感受混凝土的可行性魅力》一文。他在文中写道"我感到空中住宅暗示了混凝土世界里在某一个方向的可行性"。

照片：边长10 m的正方形单间通过墙柱支撑在空中。结构单纯且不再向四周延伸，塑造出一个独立的空间来

（摄影：川澄建筑写真事务所）

增泽洵

Masazawa Makoto

(1925—1990)1947年于东京帝国大学工学部建筑学科毕业后，进入雷蒙德设计事务所，师从安托宁・雷蒙德。1956年开设增泽洵建筑设计事务所。作为自己住宅的"最小限度住宅"(1952年)是运用了日本木结构建筑手法的现代化住宅典型之一。1978年在成城学园的建筑作品群获得日本建筑学会作品奖。

底层架空多层建筑及核心

增泽洵是一位追求住宅合理化和单纯化的建筑师。他最有名的"最小限度住宅"是一个占地仅49.5 m^2的小品作品，但却是在其中实现了生活必要要素简洁齐备的现代化住宅设计。

"伊东邸"是一处以美国的案例研究用住宅为原型，《现代化生活》杂志编辑立项且承担设计费用，户主承担施工费用的住宅。以"三代人以内以近代化的生活为目标"的条件来筛选户主，再由建筑师和编辑决定人选。池边阳、大高正人、增泽洵三人分别建造了三处住宅。增泽洵在钢筋混凝土底层架空结构上建造木结构住宅的手法继承自雷蒙德。而作为核心部分的设备则和结构分开，通过在建筑中央部分建造厨房和浴室等的方式，让移动路线更单纯合理。

通过核心系统使得其他部分结构也变得单纯且符合通用空间的设计。空间最小限度并且保证较高居住型的思考方法对于现代的建筑师们也深有影响。与"核心结构的H宅"(1953年)并称20世纪50年代收尾的优秀作品。

◆ 案例研究用住宅(伊东邸)[1959年]

结构：钢筋混凝土结构+木结构2层 | 施工：白石建设

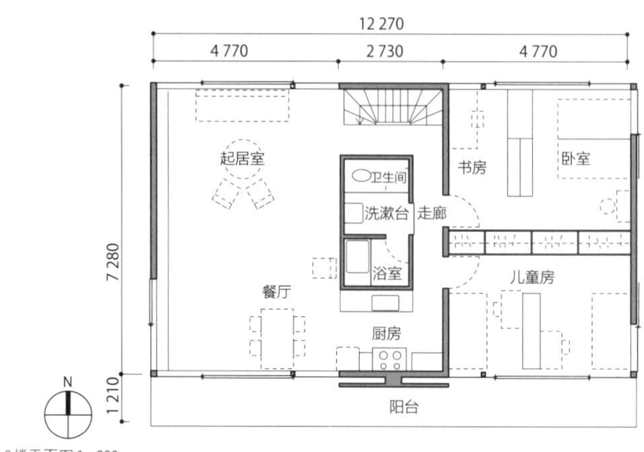

2楼平面图 1:200

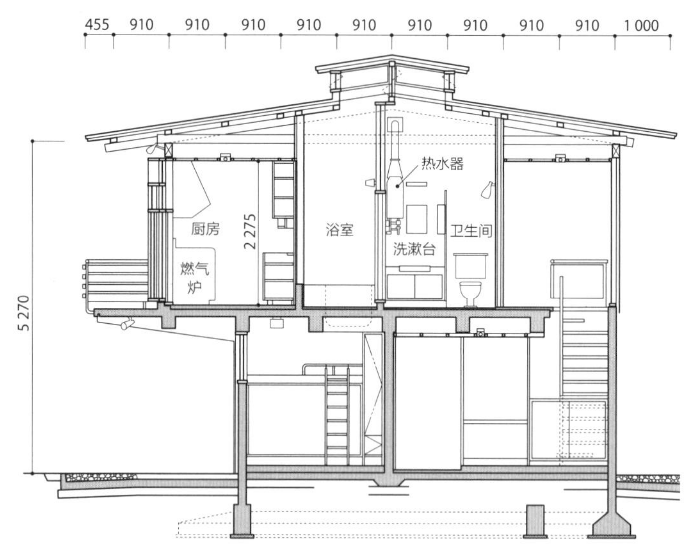

剖面图 1:120

增泽洵于1989年1月刊特辑《住宅的"50年代"》中，和池边阳、清家清、广濑镰二一同作为50年代代表的住宅设计师登场，就规格尺寸等的一些讲究做了解说。虽然不免有王婆卖瓜的嫌疑，但是《住宅的"50年代"》确实是《建筑知识》杂志仍然受到现在的读者传颂的优秀特集。

照片上：作为未来扩建需要而采用的底层架空施工方式，同时也能有效隔断道路方向的视线

下：采用了增泽洵毕生追求的核心系统施工方式，使得居室部分实现了单纯化构造

(材料提供：增泽建筑设计事务所　摄影：川澄明男)

特辑访谈……[二]……【采访人】内田祥士

增泽洵访谈（1989年1月刊）

“建造‘H宅’的时候，就想着建造一个没有立柱的住宅”

● 在增泽洵的图纸上，现场的真实感和工作室的感性交织在一起。这是增泽洵在鹿岛建设和安托宁·雷蒙德工作室的工作经历所孕育出来的独自风格。在苛刻的建筑面积条件下建造的自宅“最小限度住宅”，以及“有核心设施的H住宅”给人以屋顶覆盖了整个地基的印象。这篇访谈以这两个20世纪50年代代表作为中心，谈论当时的状况。

● 从鹿岛到雷蒙德

内田　H宅和您的自宅都是尚在雷蒙德工作室时代设计的作品吗?

增泽　是的，大概昭和26—28年（公元1951—1953年）时候的事情。

内田　在那之前您是在鹿岛建设进行设计工作吧。

增泽　我是昭和22年（公元1947年）9月大学毕业的。一毕业就进入公司工作了，等于一出校门就进入到施工现场了。当时所在的工地是砖头造的前最高法院的改造施工现场，当然现在已经不在了。

说起鹿岛建设来，这个公司的风格是一定要气派华丽，而且也是朝着这样的方向去选拔施工主任。派遣到现场的员工基本上也都是公司非常看好的人。当时项目里就都是这样风格的人。派来的主任也确实是当时鹿岛建设的王牌。然而我其实对于这样的氛围不是很习惯的。因为想要学习设计的缘故我就辞掉了这份工作，但是当时同样辞职的人其实不多。

内田　增泽先生在辞掉工作前被从施工现场调到设计部了吗?

增泽　我在现场差不多做了有2年时间。期间有很多的工作内容就是对照着1/20比例的图纸画出原始尺寸的图纸。然后调到设计部之后，因为大家觉得“这个家伙以前是在施工现场工作的”，于是工作还是画原始尺寸图纸。在施工现场的2年刚刚明白一点工作内容划分，就被问到能不能到设计部帮下忙。之后差不多待了1年左右，那时候鹿岛建设拿下了雷蒙德设计的日本乐器建筑的施工权[注1]。因此鹿岛建设就需要派人去帮忙画设计图。当时雷蒙德事务所问我们设计部要个人手，但是好像没有什么人报名过去，我就申请了这个名额。

内田　鹿岛建设的图纸和雷蒙德事务所的图纸有哪些不同吗?

增泽　在鹿岛建设一个人一天可以画一张A1尺寸的图纸，当时还因此得到挺高评价的。不过一天画一张其实不太现实。这么做的话肯定就是，能缩水的地方就缩水，这样的事情肯定是有的。与之对比雷蒙德事务所对于出图纸的速度就没有任何要求。于是一个人要画那么大的图纸的话，精雕细琢怎么也要一周左右的时间了。当然相应得图纸密度就不一样了。

这样说来，确实图纸密度上是有区别的。一天画一张的话，可以说平面也好剖面也好，基本上深一层的部分根本画不出来，也就是画一下外框线，再加上少许细节部分，这样看起来就会感觉空荡荡的。因此就要把加上去的细节部分画粗一点浓一点强调一下。这种图纸说起来就跟展示用的图没什么差别吧。

雷蒙德事务所的图纸因为要花一周的时间，所以每个细节都会画得非常详细。所以我觉得这个方面是一个差别。

增泽洵在建造自宅“最小限度住宅”（1952年）的当口接受了当时刚刚起步的住宅金融公库的融资，在有限的资金内规划建设。不仅把空间控制到最小限度，同时也是对低成本住宅的一次尝试。对于年轻建筑师来说，小住宅的建设热潮是一次能够带来更多工作的难得机会。

内田 当时雷蒙德事务所有多少工作人员?

增泽 具体记不清了,大概是10多人吧。有好多像我这样临时调来的人。清水和竹中建设公司之类也派来了不少人。而且这些人在雷蒙德事务所的设计中,担当的虽说不是中心位置,不过也是重要位置的职务。

这样临时调来的人们画了什么样的图纸我已经记不太清了。想必多少受到雷蒙德事务所风格的影响,要比原来施工公司设计部的图纸画得仔细吧。

● 雷蒙德事务所时代

内田 雷蒙德事务所时代的事情可以介绍一下吗?

增泽 昭和25年(公元1950年)的夏天还是秋天的时候我被临时派去那边,建造《读者文摘》东京分公司[注2]的时候我还去了现场。那时候施工是竹中建设公司负责的吧。雷蒙德事务所的现场常驻人员办事处和竹中建设公司的现场办事处靠在一起,然后另外还有一个现场办事处,那里面应该就是雷蒙德事务所自己的地方了。老头子(雷蒙德)住在皇宫大饭店,从那边再到现场来。

内田 当时的雷蒙德事务所我记得已经设计建造过比较大的建筑物了。

增泽 确实,比如《读者文摘》东京分公司。然后还有美国大使馆的宿舍[注3],当时施工现场里建了一个小屋,给雷蒙德事务所使用。

那个屋子其实也不小了,里面有办事处和老爷子的工作室,还有宿舍。在那边过了差不多有1年吧。那已经是挺大的办事处了。

内田 大使馆的宿舍是公用的住宅吗?

增泽 是的。

内田 那增泽先生在雷蒙德事务所的时候有设计过独立住宅吗?

增泽 现在涩谷的大路上方有一条连通惠比寿的路吧。我设计的森村邸就建在那个地方。然后还有所罗门宅[注4]也是我担任负责人的。

内田 这么说来,在设计您自己的住宅之前,大型建筑和住宅两边您都有涉足过。

增泽 但我当时还没有设计过太多的住宅。要说住宅这个分类的话,也有设计过使用塑料板材的实验住宅或者说住宅原型之类的小住宅[注5],但那些我也只是画了一些图纸而已。不过在雷蒙德事务所的时候就一点都没碰过像样的住宅设计工作了。

那时雷蒙德事务所经手的住宅虽然有希利宅等许多处,但都是保守风格的方案。剖面也就是日式棚屋结构,就是我们称之为庑殿顶的东西。虽说是所谓的外国风格的住宅吧。

我设计过目黑的圣安塞尔莫教堂[注6]和八幡制铁的体育馆等比较大的建筑。规模较大的时候就需要花1到2年的时间。因此基本上没什么精力再接其他的工作了。这样的话,除了比较大的设计工作以外,自己的住宅设计的时候,就会有一种考验一下自己的心态在里面了。

内田 事务所方面,会不会采用雷蒙德先画一个大致草稿,再由职员将它完善的做法?

增泽 一般的工作确实是这么做的。不过除了这样以外,也有从美国的办事处来草稿的情况。要说的话,我觉得老爷子应该是画出图纸的那个人,但是对于他自己的草稿他会说"就是这个感觉的",但是直接拿来放大就能用的草稿他是基本上不会给的。在制图用纸的边角料上,就这样,画了那么一点东西。然后就交给职员用,要是不小心掉了的话接下来就麻烦了。(笑)

◀A・雷蒙德「麻布之家」

[注1]:日本乐器山叶大厅(东京・银座1950年)。

[注2]:1949年竣工。东京・千代田区。

[注3]:1952年竣工。东京・赤坂。

[注4]:1952年竣工。东京・目黑。

[注5]:塑料预制住宅(1953年)。

[注6]:1954年竣工。东京・目黑。

大和房建工业

Daiwa House Industry.co,Ltd.

创业于1955年。1959年孕育出了装配式建筑的原型“微型房屋”。1962年和住友银行（现三井住友银行）一同作为住宅贷款先驱开发了“住宅服务方案”。大和房建作为房产开发商的先锋，接连开发了许多领先时代的商品。

装配式建筑的起点

战后受到婴儿潮的影响，很多家庭希望可以有一个让孩子学习用的单独房屋，这样就催生了“微型房屋”的开发。

1959年发售的微型房屋（Midget House）原有“侏儒”和“微型”的意思。这种装配式住宅在大约10 m²的空地上由4名技术工人花费3小时左右就可以搭建完成。“M-59-1型”（约10 m²，6张榻榻米）售价118 000日元[注1]，“M-59-2型”（约7.5 m²，4.5张榻榻米）售价108 000日元[注2]。地基上方放置40个左右混凝土块，建好轻型的钢框架立柱，立柱间用硬板材料连接起来就建好了。屋顶采用镀锌铁板加固的硬质板覆盖。天花板和地板都是用板材铺设。10 m²以下的建筑也不需要提交建造申请（※）。

当时民间“私家车、空调、微型房屋”取代了“电视机、洗衣机、冰箱”成为了新三大神器。全国共27处商场展示时就当场售空，还出现了“在商场中热销的建筑商品”的销售口号。22个月内一共卖出了800户。以“售卖商品”而非“承包建造”的概念颠覆了当时住宅建设的普遍常识。

“微型住宅”其后又应客户对于卫生间和厨房的需求，向着装配式住宅的方向正式进化下去了。

[注1]：按2016年3月的汇率算约折合6 800元人民币，不过相应的，按照当时日元的消费能力是现在4倍左右计算，约合现在的27 200元人民币。

后文1970年中也有提到日元价格，为方便理解物价水平，转换后的人民币价格也应乘以4倍。

[注2]：约合6 200元人民币，同上理由，约合24 800元人民币。

◆ 微型住宅 [1959年]

结构：轻型钢架结构平房 | 施工：大和房建工业

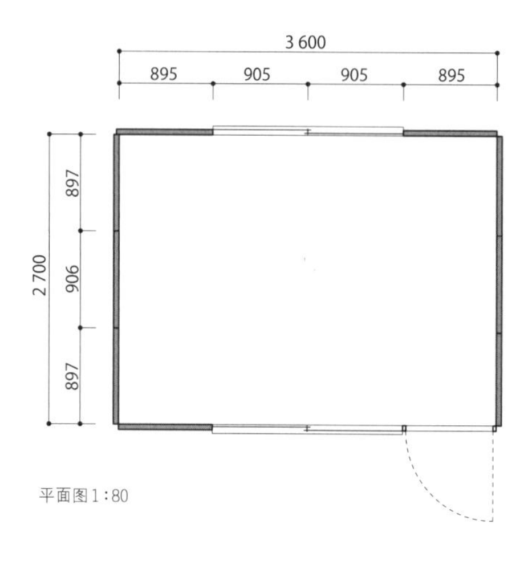

平面图1:80

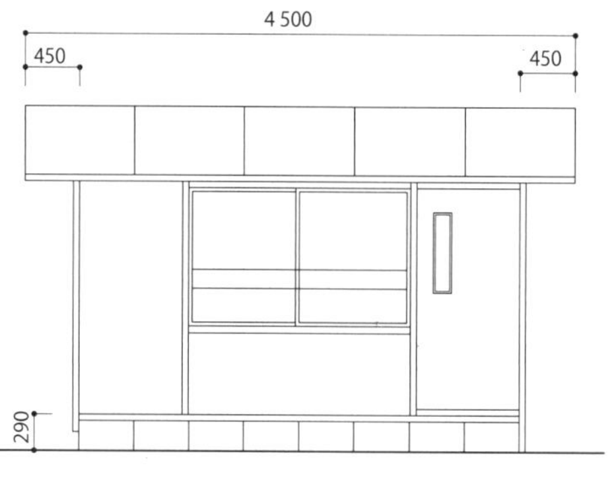

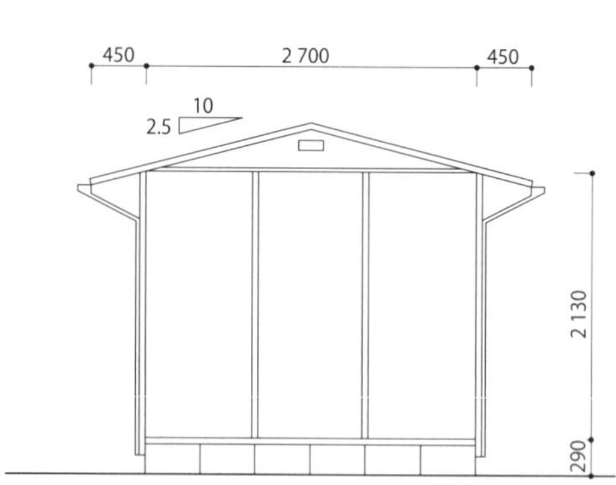

立面图1:80

“微型房屋”发售的8年后，《建筑知识》1967年12月刊的特辑《装配式房屋分析报告》将其作为代表作品做了介绍。当时已经有了多种多样的装配式住宅，根据6年的统计来看，约80万户新建住宅中就有4万户（1/20）是装配式住宅。

※：仅限于防火、准防火地区以外的扩建、改建、移建中扩展面积小于10 m²时适用。

照片：刚披露时候的微型房屋。《商品目录照片》的存在也象征着其是商品化的住宅（材料提供：大和房建工业）

前川国男

Maekawa Kunio

(1905—1986)1928年东京帝国大学工学部建筑学科毕业后就赴法留学，师从勒·柯布西耶。回国后进入雷蒙德建筑设计事务所。1935年设立前川国男设计事务所。把欧洲的近代建筑介绍回了日本，也是日本现代化进程中的一名旗手。门下有丹下健三、大高正人、木村俊彦等人。

日本版马赛公寓

没有前川国男的话，日本就和现在完全不一样了。

“晴海高层公寓”是日本住宅公团最初建造的10层楼高层出租住宅，也是可以称为日本高层集体住宅起点的作品。和“PREMOS”[注]一样，是前川国男对于其技术手法的实践之一。在柯布西耶旗下学习时，深受其“最小限度住宅”和“马赛公寓”理念的熏陶，将其付诸自己的设计。在地质偏软较弱的地方，采用了3层楼6个住户为单位的宏观结构。并且在公团住宅中初次采用了升降梯，以3层为单位跳跃式上下，中间的楼层通过楼梯可以到达。每3层有一个宽2 m的通道，可以作为人们会面的地方用。每一户的玄关、餐厅、厨房一体化，和卧室分开呈田字形排布。使用的西式的坐便器和浴室、不锈钢水槽、总台电话等最新设备也成为了当时的热门话题。前川国男在建筑技术的近代化、耐震化、对高温多事的自然环境的适应性等的问题上颇下工夫，一生都在不断追求日本自己的近代建筑，给予日本近代建筑极大的影响。

[注]：“PRE”为预制装配式建筑简写，M为前川罗马音首字母，“O”为结构方面的协助者小野薫罗马音首字母，S为制造公司山阴工业罗马音首字母。

◆ 晴海高层公寓 [1958年]

结构：钢筋混凝土结构10层 | 施工：清水建设

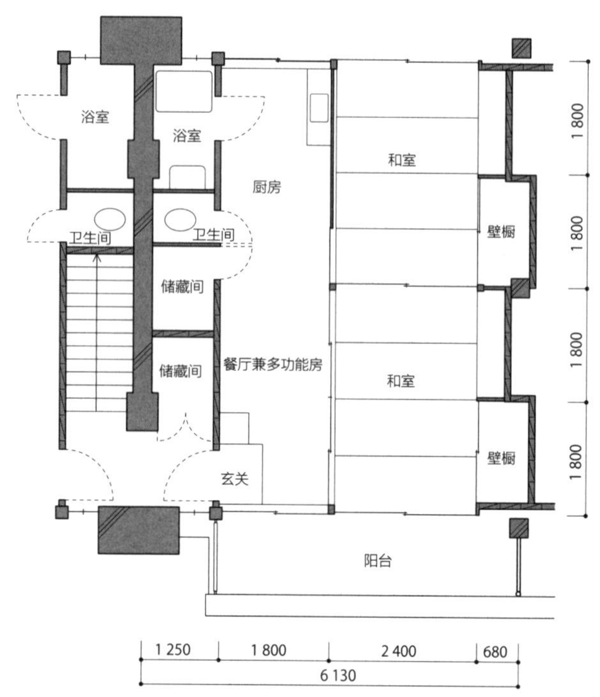

住房的平面图 1：120

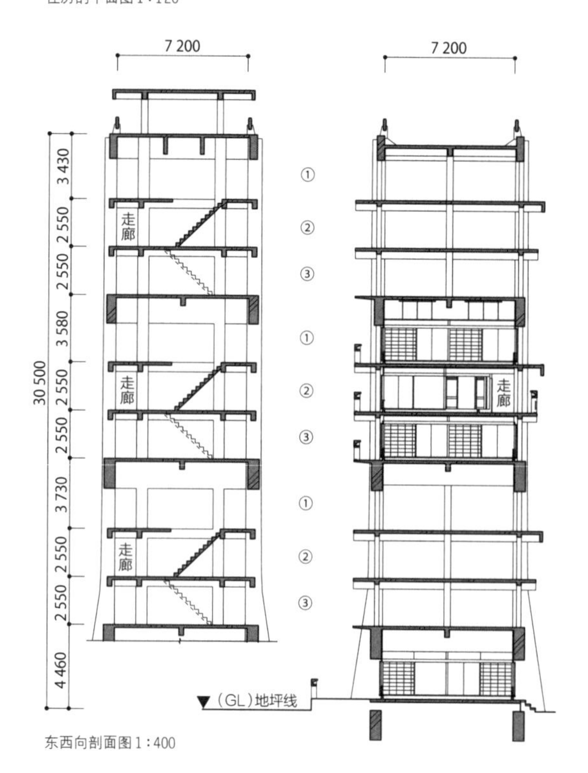

东西向剖面图 1：400

晴海高层公寓以① 非走廊楼梯（上层），② 走廊楼梯，③ 非走廊楼梯（下层）的3层为一组，再由这样3组构成整栋楼的结构

照片上：3层6户为一个单位的宏观结构

下：榻榻米的大小采用了900 mm×2 400 mm的独特尺寸，比正常的尺寸要长

（材料提供：前川建筑设计事务所　摄影：二川幸夫）

15

20世纪60年代

时代概括

建筑界的黄金时代

都市型住宅和新技术

被称为“黄金60年代”的高速经济成长期是土木工程建筑界飞速发展的年代。不仅作为技术革新的时代，也被称赞为“都市时代”的起点。在住宅这个领域也有下面这样各种热门话题：① 工业化和商品化；② 新材料和新技术的研究；③ 都市和建筑；④ 民居风格和新式和风；⑤ 气候和住宅；⑥ 作为艺术的住宅等。

这个时代建筑界的象征是以都市本身作为规划和设计本体的代谢运动，以及世界上有名的设计师和建筑师汇聚一堂的“世界设计会议”。以此为契机诞生的代谢运动组织一跃成为了时代的宠儿。众人的前辈丹下健三的《东京计划1960》也成为了都市时代的开幕之作。虽然很多代谢运动的计划都停在了纸面上，但是对于多种聚合形态以及都市型住宅的提案都产生了深远的影响。**东孝光**自己的住宅“塔之家”（1966年）作为都市生活中精益求精的狭小住宅提案就是其中的代表。另一方面，中庭住宅（指日本特有的一种建筑形式，结构上采取四面墙围绕的具有中庭结构的形式）形式也是以关西为活动据点的建筑家们提出的对关西传统灵活运用的都市型住宅提案。

被称之为技术革新的事物中，有在建筑领域较钢筋混凝土结构更晚得到应用的是**广濑镰二**的钢材料钢架结构建筑，以及建筑材料学学者**饭塚五郎藏**尝试挑战的钢架和合成材料建筑。两者所为不仅是对新技术的尝试，也是对装配式住宅的先驱性尝试。

都市化和民宅

日本住宅公团建设了一连串郊外新村也是在这个时期的事情。同时与全国性都市化现象并行的“开发和保存”重要话题也浮现了出来。另一方面人们对于逝去风景的乡愁引发的对于“风土和民宅”的关注度也在上升。摄影师二川幸夫和建筑史家伊藤郑而一同追寻着急速消逝中的各地民宅，摄影集《日本民宅》获得每日出版文化奖，伊藤对该书的解说文被编成了名著《民宅留存至今》中。大成建设设计部的**大熊喜英**也采用了重视日本人品味的民宅风格设计，留下了许多值得品味的作品。与**吉田五十八**的新兴茶室相对的有**白井晟一**的和风世界。以西欧罗马式厚重行事风格著名的白井晟一所追求的却是“绳文时代”所特有的强有力的外形和独自的和风设计风格。

“小住宅万岁”的争论之后建筑家的住宅作品中，**筱原一男**以其对于日本式美的追求所创作的“纯白之家”（1966年）站上了一个顶点，之后就转向了更高次元追求艺术性的象征空间活动中去了。“近代生活”和“近代家庭”为题不断发展而来的住宅设计世界中，以“艺术性”和“空间性”为题的建筑家也开始登场了。

这栋建筑如同从下方观察到的屋顶瓦片一般屹立于都市之中，
现在东孝光的“塔之家”已经被大楼包围了。
然而作为20世纪60年代代表性的住宅建筑，现在也值得保有其名号。——1968年4月刊

从过往的《建筑知识》杂志看

建筑历史

20世纪60年代

建筑界的黄金时代

本稿登载作品　建筑历史中发生的事情

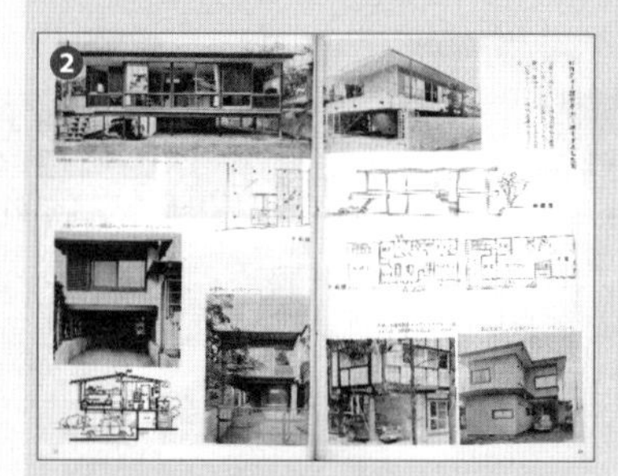
1961年12月刊《住宅中的汽车车库》

电视广播尚不尽如人意

当时的电视机普及率突破了80%。随着高层建筑的增加，共同接收电视广播的问题变得越来越显著，大楼中的电视信号设备安装被提上了日程

特辑《大楼中的电视机共同使用问题》(3月刊)

有车就需要车库

汽车的普及导致了对车库的需求的增大，此特集对车库的设计方法做了解说。《道路交通法》修改之后全面禁止了马路上的泊车行为，私家车一族就必须要有自己的车库了——❷

特辑《住宅中的汽车车库》(12月刊)

新干线是什么？

登载了关系到东京奥运的新干线开通前的周边设施的相关文章。内容虽然是桥梁和隧道等土木工程方面的内容，却也表明了人们对于新干线的关注度之高

连载《东京奥运为设施探访》(5月刊)

1960年

- **世界设计会议在东京召开**
  以此为机会，建筑师黑川纪章、菊竹清训、槙文彦、大高正人等共同组成了代谢运动组织
- **智利地震海啸**
  (46 000栋建筑物受损)
- 广濑镰二「SH-30」
- 西泽文隆「没有正面的住宅(Z宅)」

1961年

- **《建筑基准法》修正**
  新设特定街区制度，从此可以建设超高层大楼了
- **饭塚五郎藏“集成材料住宅U15、U19”**

1962年

- **住宅地施工等方面实行限制施工法规**
  为了防止山体滑坡和住宅地崩裂等灾害问题，在一定的区域内限制施工
- **《新产业都市建设促进法》的实行**
  首都圈和关西圈人口和产业过度集中造成城市和地方上的经济差距扩大，为了防止自然灾害和事故影响到城市基本功能而制定
- **吉村顺三“轻井泽的山庄”**
- **大熊喜英“L形方案的和风住宅”**

1963年

- **装配式建筑协会发源**
- **《建筑基准法》修正**
  31 m的高度限制被废除，导入了容积地区制度
- **《新建住宅区开发法》实行**
  包含土地征用等，以大规模住宅团地建设为目的而制定。设置了居民生活必要设施以外的“特定业务地区”，并可以吸引大学在地区内建设校区

梦和希望在天高

介绍了未曾有过的梦和希望般的高层集体住宅中的生活。住在高空中的新型都市生活方式从中可见一斑

文章《住在高空的享受》(2月刊)

新型建材——塑料

介绍了塑料建材和以塑料为主要建材的住宅。讲述了塑料这种新建材和工业化住宅的亲和性——❶

特辑《各种塑料》(5月刊)

混凝土砖块的荣耀

最近基本见不到的混凝土砖块住宅的特集。作为不可燃材料对混凝土砖块做出了肯定评价

特辑《混凝土·砖块》(6月刊)

1960年5月刊《各种塑料》

泛滥止于爱

都市发展中绕不开的垃圾问题。介绍了团地等地方必须有的大型焚烧炉。2年后《公害对策基本法》公布并实行——❸

文章《寻访热门话题垃圾焚烧炉》(1月刊)

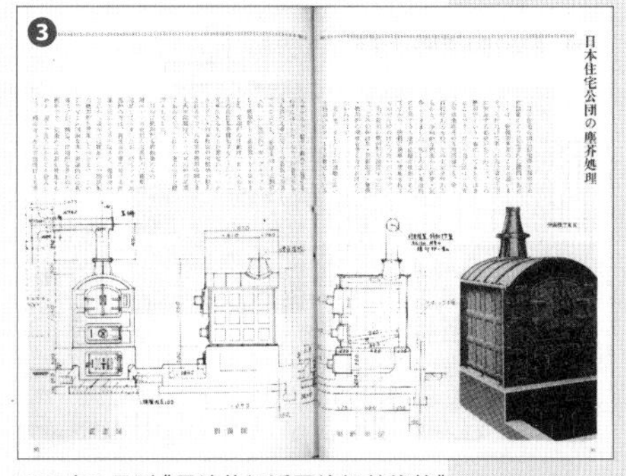

日本住宅公団の塵芥処理

1965年3月刊《寻访热门话题垃圾焚烧炉》

密封性优异的住宅

以急速普及中的铝合金窗扇为特集。对装配铝合金窗扇的和室产生了违和感的著者写下的评语颇有时代感

特辑《住宅和窗扇》(4月刊)

阿猫阿狗的公寓建设

乌鸦尚有一日不鸣，公寓广告每日登报。第2次公寓热潮——❺

特辑《分售式公寓的规划》(5月刊)

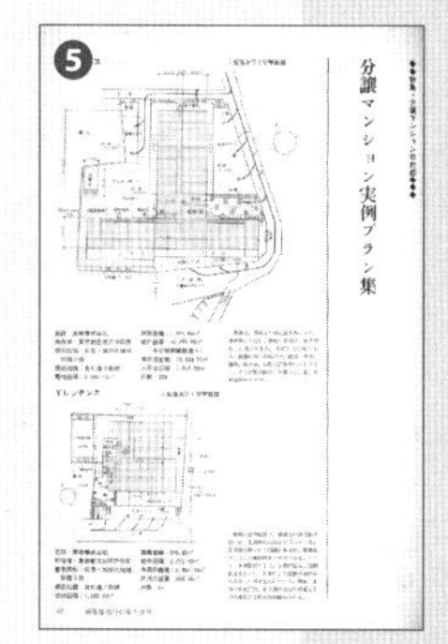

分譲マンション実例プラン集

1969年5月刊《分售式公寓的规划》

1964年

- **《消防法》修正**(适用于高层建筑物)
- **东京奥运会开幕**
- **新泻地震**(日本气象厅烈度等级5级，里氏7.5级)

1965年

- **日本建筑中心设立**
- **台风23号、24号袭击日本，全国受损建筑物40万栋**

- **白井晟一“吴羽之家”**

1966年

- **JAS集成材料规格化**
- **《住宅建设规划法》实行**
  为了解决高度经济成长期大都市人口集中导致的住宅不足问题而制定，旨在大力推动住宅的建设。基于此法律策定了住宅建设的5年规划。2006年随着《住宅生活基本法》的成立而废止
- **《古都保存法》实行**

- **东孝光“塔之家”**
- **筱原一男“白之家”**

1967年

- **《公害对策基本法》实行**
- **日本建筑业团体联合会成立**

- **吉田五十八“猪股邸”**

1968年

- **日本最初的超高层大楼“霞关大楼”竣工**
- **十胜冲地震(日本气象厅烈度等级6级，里氏8.2级)**
- **第二次公寓热潮**

- **上远野彻“札幌之家(上远野宅)”**

1969年

- **《都市规划法》实行**
- **《都市再开发法》实行**
- **JAS结构用胶合板规格化**

不试试木结构住宅吗?

登载了和木结构住宅有关的共10名设计师以及从业者的意见。从社会性问题和传统技术·技能问题两个角度都体现了对于木结构住宅的深刻关心

特辑《木结构住宅能盈利吗?》(5月刊)

商品化即装配式住宅

象征着商品化住宅时代的装配式住宅。对各家制造商的产品从细节、部件、尺寸、规格、结构材料等做了比较——❹

特辑《预制工件装配式》(12月刊)

1967年12月刊《预制工件装配式》

广濑镰二

Hirose Kenji

(1922—2012)1942年毕业于武藏高等工科学校建筑科。1952年开设广濑镰二建筑技术研究所。从1966年到1993年为止都在武藏工业大学建筑学科担任教授职务。20世纪50—60年代凭借"SH系列"尝试了战后日本住宅的工业化。晚年以斋宫历史体验馆(2000年)等木结构作品居多。

钢架住宅的高点

"我想把近代工业所生产的铁、玻璃、砖块等材料按照其特有的力学特性充分活用,创造出新式的住宅来"——广濑的这个想法一直驱使着他进行钢架结构的小型住宅系列作品(SH系列)实验的进行。从发表于1953年的自宅SH-1开始的"SH系列"在木结构钢架化的方向被许多人所接受。"SH-30"可以称为是钢架住宅所到达的一个高点作品。

从铆钉斜向支撑结构到框架结构的变化,从整体结构体到隔墙独立,从平面向更自由的立体方向展开,更有在钢制框架内追求"生活空间单元化"的"SH-65"(1965年),并在"SH-70"中得以完全实现。通过这样反复的试验,广濑开拓了日本现代建筑更多的可能性。

往更远的方向看其发展到后期变成了住宅的工厂生产化,然而广濑关于结构方法和生产系统的提案却没有被住宅业界接受。在经历了15年的创造活动之后,广濑投身到了教育事业之中。

◆ SH-30 [1960年]

结构:钢架结构平房 | 施工:川上土地建筑公司

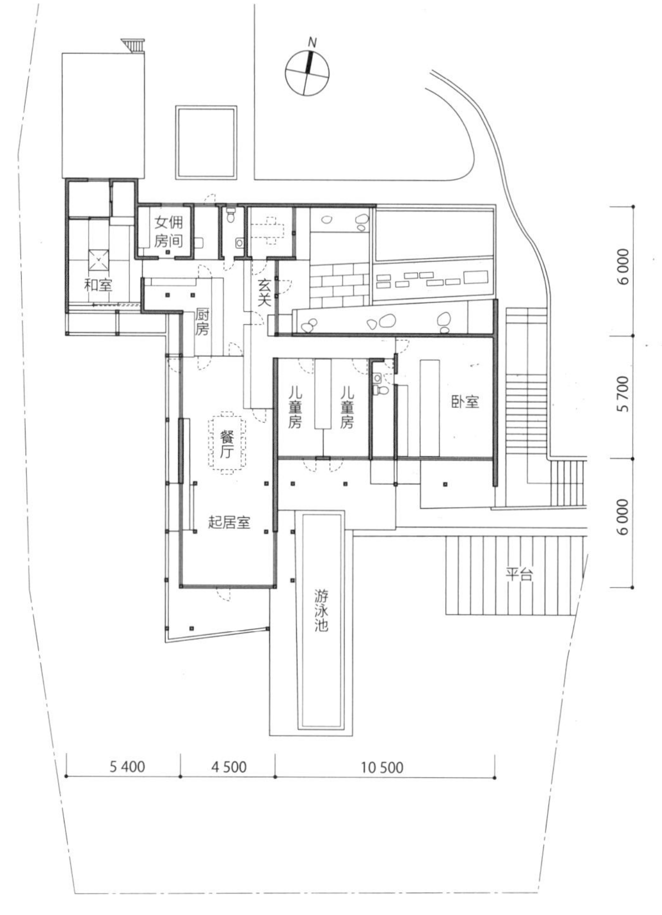

平面图 1:350

《建筑知识》1989年1月刊的特辑《住宅的五十年代》中,广濑和池边阳、增泽洵以及清家清一起作为封面人物登场。四位大师以解读时代这样有趣的方式来接受采访,就战后为何会以钢架结构住宅为目标、"SH-30"这一代表作经过了怎样的试错过程才诞生出来等问题畅所欲言。广濑就选择钢架的原因做了"想要得到设计过程的一切依赖于创造这样的环境"的说明。

照片上:从南侧看到的全景。细铆钉柱虽然在很多房间内可见,但是作为空间设计的一部分在分隔空间上却发挥了积极的作用。细柱和梁的简单结构却展现出优秀的效果

下:仅使用钢架结构,家具、照明器具等均按照广濑的设计来统一

(摄影:平山忠治)

西泽文隆

Nishizawa Fumitaka

(1915—1986)1940年毕业于东京帝国大学(现东京大学)工学部建筑学科,同年进入坂仓准三建筑研究所。坂仓准三去世后作为建筑研究所的代表活跃在业界。一方面对于日本传统的寝殿造和书院造住宅表现了关注,一方面也在中庭住宅中实践了室内和室外紧密关系的建造手法。

中庭住宅的先驱

屋檐相接建造起来的京都排屋有着多个庭院,房屋通过庭院来采光和通风。西泽中庭住宅的根源就来自这样的传统建筑。中庭住宅周围通过封闭式的墙面来包围内部的庭院。在确保私有空间的同时,也是一种拥有群体社会性的都市型住宅,并在建筑上可行的系统。以西泽为代表的坂仓建筑研究所大阪事务所通过这样一连串同样形式的建筑来构成所谓"没有正面的住宅"。其中一个创举便是"N邸"。在南北向细长的地面上,建筑按照东西向3个间隔,南北向5.5个间隔来隔开,房屋构成方格状排列。居住的部分采用缓坡屋顶,中庭上方架有凉棚、起居室和卧室灯按照需要设有高处的侧灯。N邸作为使用结构化手法来构造自由化空间的重要提案成为了中庭住宅的固定形式,并对密集地区的都市型住宅思考方式产生了较大的影响。

因对庭院的研究而出名的西泽,赋予了中庭和室内空间具有流动性的整体感。

◆没有正面的住宅(N邸)[1960年]

结构:钢筋混凝土结构+木结构平房|施工:大进建设

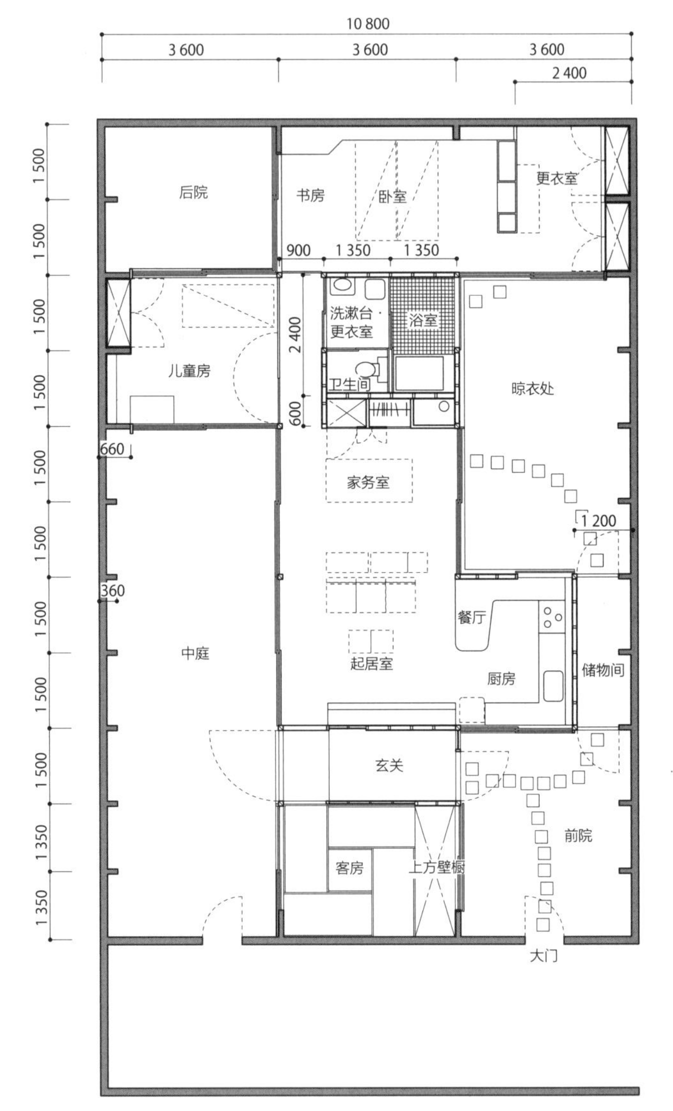

平面图1:150

《建筑知识》1960年12月刊的特辑《住宅的环境》卷首对其做了介绍。在杂志上西泽就今后取得土地困难、住宅越建越密集从而导致有意思的景观逐渐消失时,这样的住宅是不是会增多的可能性做了探讨。

照片上:为了让所有建筑用地都作为居住空间使用,使用混凝土墙将其围绕起来

下:中庭设有凉棚用以和梁构造出连续感

(材料提供:坂仓建筑研究所大阪事务所 摄影:多比良敏雄)

“没有正面的住宅”(1960年12月刊)

玄关。第1庭院和第3庭院通过这里相接

占地面积 176 m²
建筑面积 80 m²
结构 周围墙面……钢筋清水混凝土
主屋主体……木结构

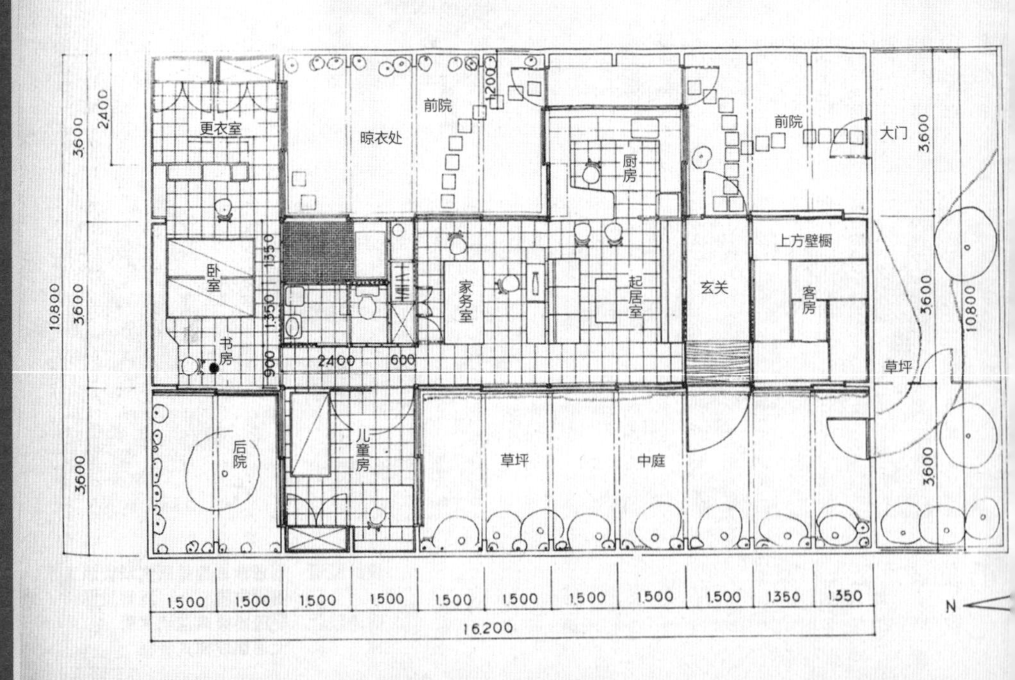

1960年竣工的“没有正面的住宅”是西泽文隆为代表的坂仓准三建筑研究所大阪事务所设计的中庭住宅的第一个作品，作为优秀都市住宅典型的同时，也反映了当时住宅设计中必须使用围墙围起住宅才能营造出舒适居住环境的问题。

从第3庭院向东侧的房间眺望，对面右侧是接待室，深处有厨房和食堂，左侧是工作场所

发布序号

1960年12月刊

特辑

住宅的环境

内容

“没有正面的住宅”

解说：西泽文隆

设计宗旨

南北向16 m，东西向11 m，共计176 m^2的南北向狭长地势中，如何建造80 m^2左右建筑面积的住宅成为了这次设计的课题。

这块称作香栌园的住宅地区非常靠近海边，然而西南北方向却被2层楼的住宅紧紧包围，如果按照户主最初的想法建造2层楼的住宅的话，可以预想打开二楼窗户之后和周围的住宅几乎就是打个照面了。并且80 m^2建筑面积的2层楼建筑就只能建成40 m^2占地的火柴盒住宅了。

为防止上述两种情况发生，建筑采用了平房形式，为了满足户主想要庭院的想法，又把整块地分成东西向三份、南北向7份的方格布局中，在其中嵌入房屋和庭院。周围则用钢筋混凝土的高墙围绕起来。墙面一方面可以作为住宅的外墙，内侧也建造了轻量的木结构屋顶和内墙。

各个房间至少会面向两个庭院，每一个房间都确保了良好的通风。整体上放弃了屋顶照明方案，而是在每个气窗中嵌入照明设施，仅在户主夫人的工作场所采用了点照明方案。

每个庭院都是室内空间的延伸，梁向户外伸出（这部分因为有腐蚀问题存在，因而采用了和内部结构隔开、可以完全更换的安装方式），其上架设有凉棚穿过中庭作为屋顶，整个住宅内使用了两种屋顶来完全覆盖。建设过程中北侧多了3 m宽度横贯东西向的空地，这块空地要如何处置成了当时的问题。讨论的结果是建筑和外墙一致向北移动，在南面留出空地并建造一个没有凉棚的外庭出来。

为了阻挡邻家2楼对凉棚的视线，在周围墙面和凉棚下种了蔷薇和葡萄等，再用常春藤覆盖来营造夏日茂盛、冬日温暖渗入房屋深处的感觉。在今后空地会越来越难获得，好不容易可以有处好风景而周围住宅又紧密建造起来遮挡掉，风景渐渐就变得无趣了。正好在这样的街区中建造这么一处住宅似也别有一番风味。

饭塚五郎藏

Iizuka Gorozo

(1921—1993)1944年毕业于早稻田大学理工学部建筑学科，在同大学研究生毕业后于1966年出任横滨国立大学教授。对塑料、集成建筑材料做出了贡献。主要著作有《住宅设计和木结构》(丸善)、《设计的具象——材料·构造方法》(SBS出版)、《建筑语源考——技术是种语言》(鹿岛出版社)等。

采用新材料住宅的先驱

饭塚在横滨国立大学出任结构方法和材料学的教授。在早稻田就读大学的时候于十代田三郎研究室进行南方木材的研究，1951年借美国留学的机会进入了集成材料研究领域。

其自宅使用了轻型级钢架装配方式建造，采用了底层架空，板材加热的地面供暖。关于集成木材料的研究作为学位论文发表，其成果被纳入建筑学会的木结构设计规准。U型集成材料是一种弯曲程度很高的集成材料，同样也被作为建筑名称使用(图示)，将拉梁、立柱、地梁等作为一个整体，旨在提高对抗强风和地震的水平力耐性。梁间隔5.4 m，U型集成材料的切面尺寸为90 mm×150 mm。这个结构以2.7 m间隔排列，屋顶、墙面、地面各自的板材使用螺栓固定。内部除了浴室和卫生间以外的布局都可以自由安排。在三越住宅的屋顶进行的安装实际演示曾引来不少话题。

饭塚五郎藏设计了大量使用新型建筑材料的住宅，对于建筑材料开发领域的研究成果一直延续到现在。

◆ 集成材料住宅U15（50 m^2型）·U19（63 m^2型） [1961年]

结构：木结构平房 | 施工：三井木材

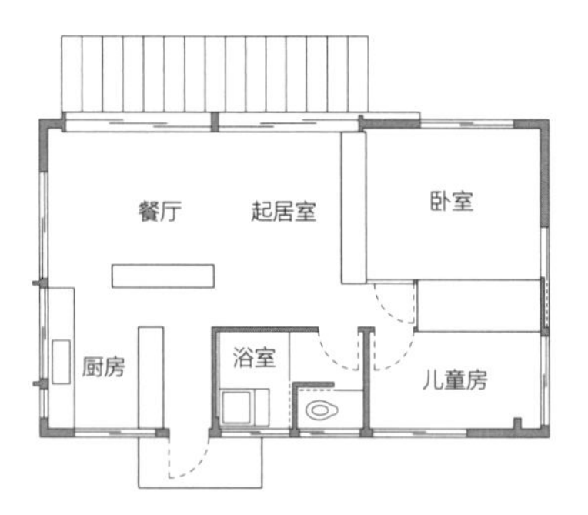

U15平面图1:200

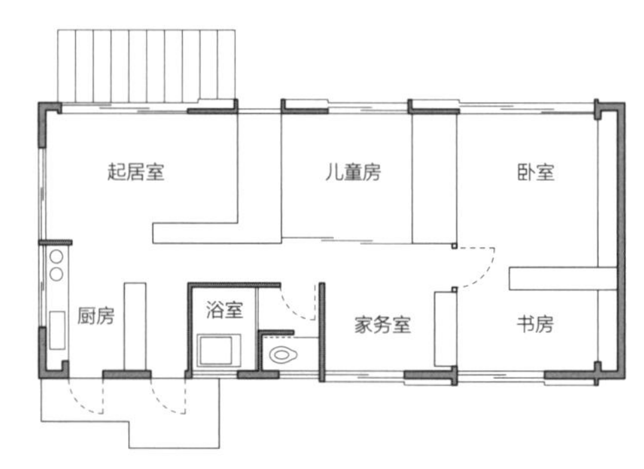

U19平面图1:200

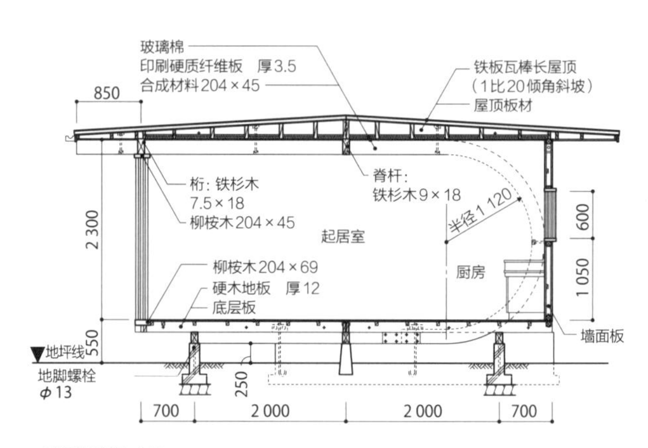

剖面详细图1:100

《建筑知识》1963年1月刊特辑《读者评选的作家和作品(第4回)·饭塚五郎藏和新材料》中，就结构方面所使用的新材料为题登载了饭塚的作品。他自己的高地面式的轻型钢架结构的住宅中，充分反映了他的新材料的研究成果。

照片：使用了集成材料的装配式住宅。在工业化住宅的时代尝试了木材料的装配式住宅
(材料提供：筱田建设)

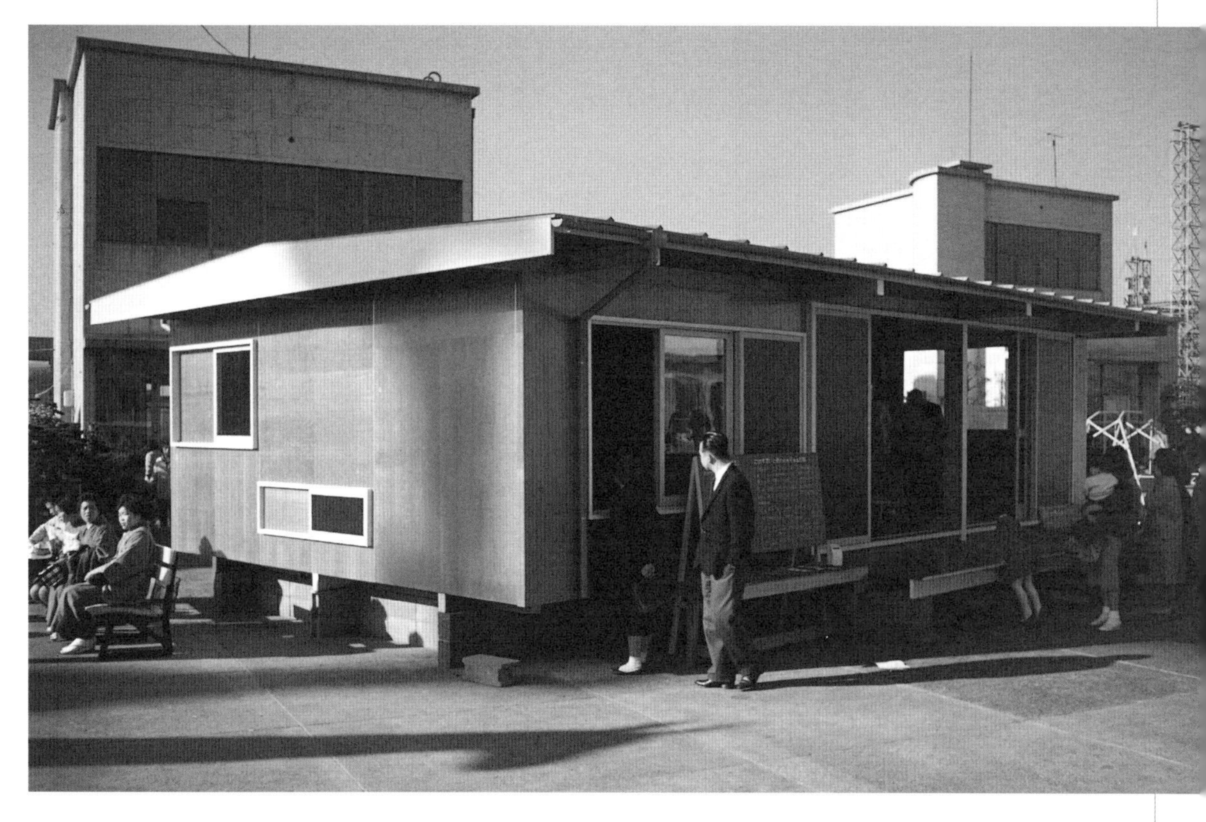

白井晟一

Shirai Seiichi

(1905—1983)1928年京都高等工艺学校(现京都工艺纤维大学)图案科毕业后,在海德堡大学师从卡尔·雅思培。其后在柏林大学就读,回国后开始了设计创作活动。被称为不迎合摩登建筑主流的孤高建筑师。主要作品有"原爆堂规划"(1955年)。凭借"亲和银行本店"获得1968年度日本建筑学会奖。

"和风摩登"的先锋

战后白井凭借秋田县的"秋宫村政厅"(1951年)和群马县的"松井田町市政厅"(1956年)等扎根地方风土文化的建筑受到广泛注目。"吴羽之家"位于富山县西郊的吴羽山,占地4 290 m^2,对面向南倾斜,使用精细加工过的栗木主材建造了具有厚重感的门屋、主屋和书房三间。户主是古代美术收藏爱好者,书房就作为其收藏库和鉴赏的地方使用,因而采用了八角形立柱,使用瓦片覆盖地面来营造出禅宗寺院的严峻氛围。

竣工的时候其平面、里面、断面图加上分区细节图、框架图、展开图等各种图纸,框架细节和木工制品细节等都总结整理到了《细说木结构3·住宅设计篇》(彰国社)一册中。通过这本书,白井晟一的和风建筑也为建筑界所知晓。

白井与吉田五十八的作风相斥,很早就开始追寻自己独有的"白井和风"世界。其精致的细节和素材感、富有深度感和阴影细节的独特的空间开创了当时流行风格以外的新天地。

◆ 吴羽之家 [1965年]

结构:木结构平房|施工:直营

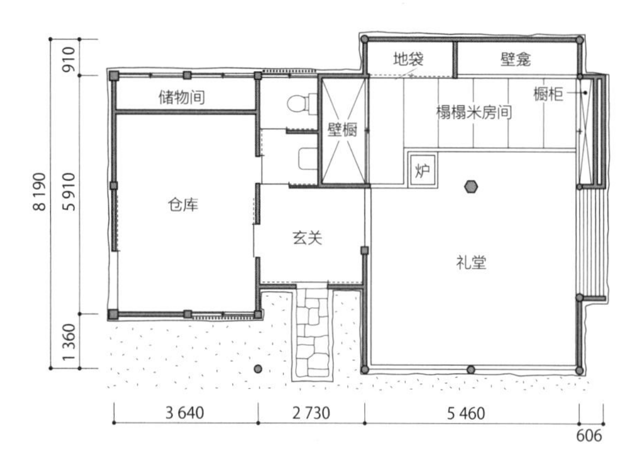

书房平面方案图1:200

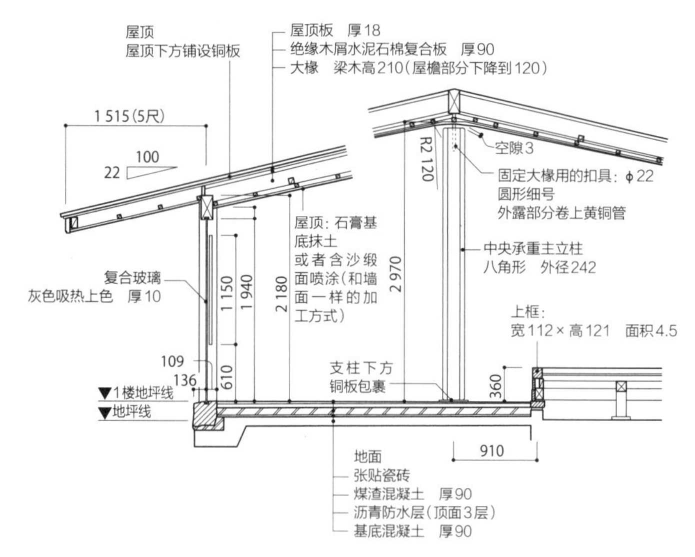

书房剖面详细方案图1:80

我在思考关于白井晟一评价的时候,马上就想到他曾经说过"总而言之先要把'物'作为自己身上的一部分。从这里开始进行以人为本的建筑创作并切实把握好建筑和事物之间的绝对关系"(《SPACE MODULA-TOUR》第60刊 1982年1月引用于《思考建筑》)。

——白井原多(白井晟一之孙,白井晟一建筑研究所《Atorie No.5》)

照片:在富山这个雪国之乡上建造的住宅,因屋顶倾斜程度和立柱的粗细等都针对积雪影响做过详细考察

(摄影:村井修)

东　孝　光

Azuma Takamitsu

(1933—)1957年大阪大学工学部构筑工学科毕业后进入邮政厅建筑部工作。1960年进入坂仓准三建筑研究所，1967年独立出道。1968年设立东孝光建筑研究所(1985年改称东孝光+东 环境与建筑研究所)。1985年出任大阪大学工学部环境工学科教授。1997年开始担任大阪大学名誉教授，同年至2003年兼任千叶工业大学工业设计学科教授。以狭小住宅先驱“塔之家”发源，着手设计了诸多都市型住宅。

都市住居、狭小住宅的先驱

一天辛勤工作后拖着疲惫的身体搭乘摇晃的满员地铁回到遥远的家里……东孝光往这样郊外住居主义的河里投入了一块小石块，激起千层浪。

“无论如何都要住在东京都内”。“塔之家”充分体现了从小在东京长大的东孝光的这个想法。作为都市型狭小住宅的先驱作品在世界上广为人知。

这块建筑用地因为道路拓宽的原因只剩下了约20.5 m^2的面积，这座地面5层地下1层的建筑里住着一家三口。1楼是玄关和车库；地下是仓库和书库；2楼是起居室，直通3楼；3楼还有卫生间和浴室；5楼是孩子的房间和露台。内外都使用了清水混凝土板建造，各房间形成双跑楼梯平台一样的结构。只有玄关有一处门的立体单间设计，通过贯通的空间和采光通风部位的精妙排布使得住宅内部四季都能有不错的采光和通风。

住在都市内的好处会慢慢渗入生活的每一处细节。东孝光所设计的都市型住宅给都市住居的思考方式提供了一种新思路，也给其后的都市型住宅设计提供了新的导向。

◆ 塔之家 [1966年]

结构：钢筋混凝土地下1层·地上5层 | 施工：长野建设东京支店

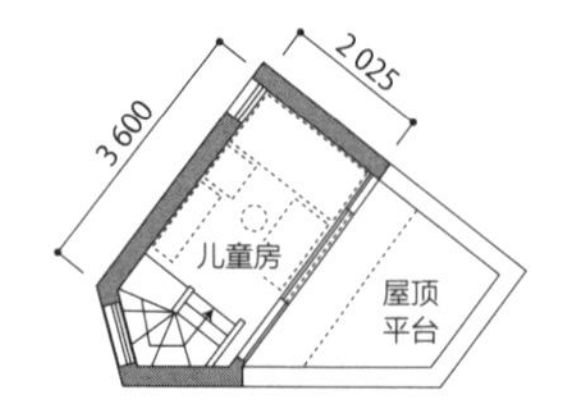

5楼平面图 1:200

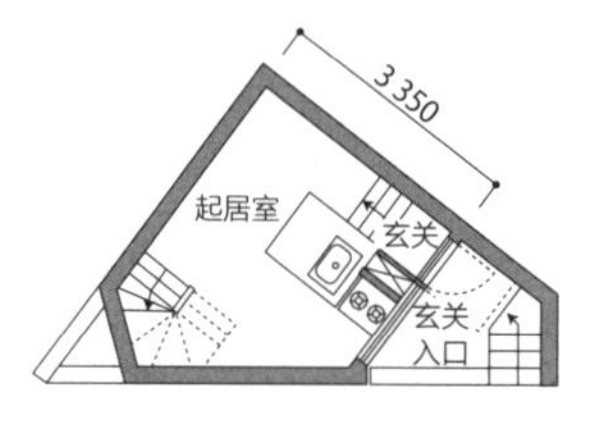

2楼平面图 1:200

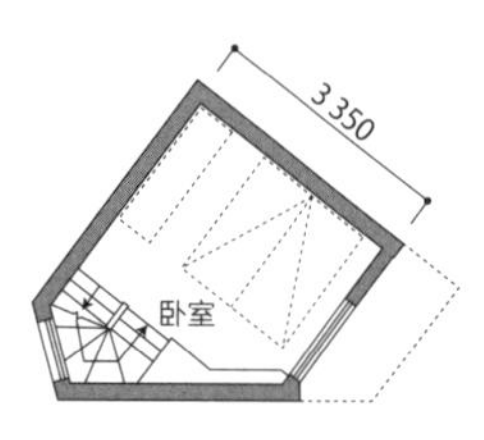

4楼平面图 1:200

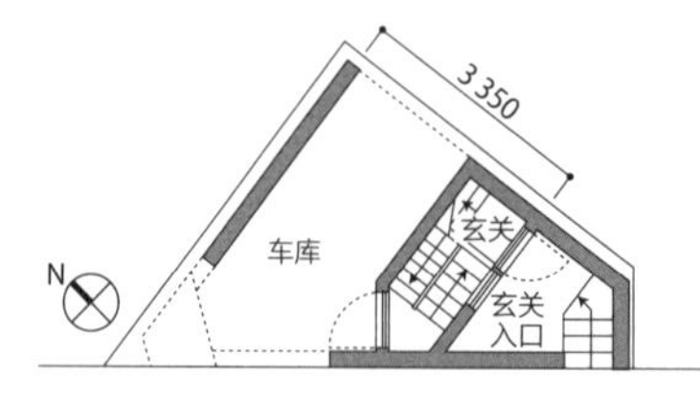

1楼平面图 1:200

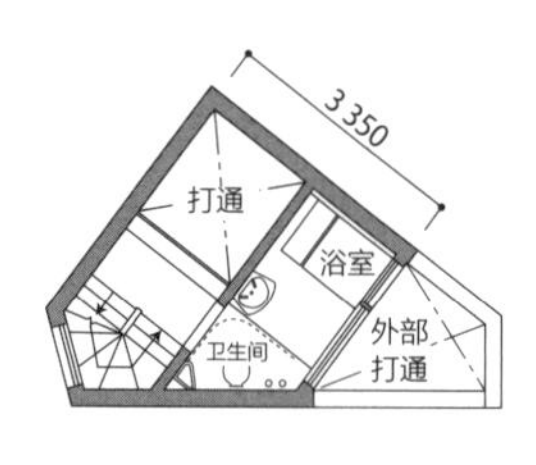

3楼平面图 1:200

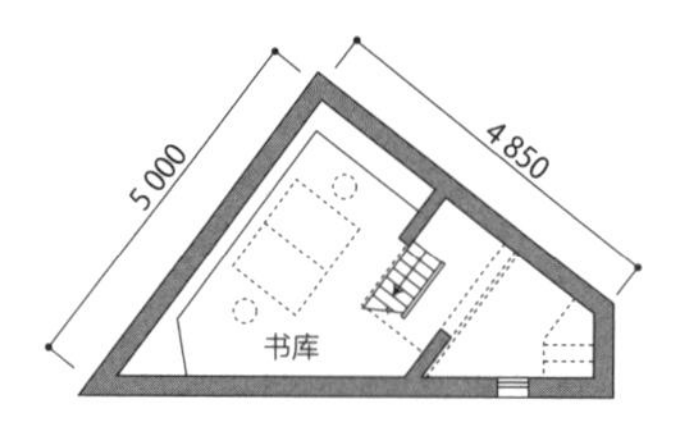

地下1楼平面图 1:200

内部没有门的“塔之家”设计非常贴近以前的生活方式。虽然能感受到家庭成员的存在，但是又不生活在一个空间里；能听到声音但是又不见身影。层叠的多层结构替代了帘子和屏风，而又维持了原来的距离感。这就是通过自然的方式来营造亲子氛围的方式了。

——东利惠(东孝光之女，东·环境与建筑研究所)

照片上：通抬高一阶的玄关入口设立围墙的方式，凝聚了显示都市住宅特色又不被都市喧嚣吞没的设计功夫

下：从3楼楼梯平台向下看。通过打通起居室屋顶的设计，消除了狭小居住空间的压迫感

[材料提供(上)：东 环境与建筑事务所　摄影(下)：Nacasa & Partners Inc.]

筱 原 一 男

Shinohara Kazuo

（1925—2006）1947年毕业于东京物理学校（现东京理科大学）。1953年毕业于东京工业大学建筑学科。在校时师从清家清。作为专业建筑师，以住宅设计为中心开展设计活动，并发展出了全新的日本独有的空间结构。凭借“未完成的家”及其后一系列住宅获得1972年度日本建筑学会奖。主要作品有“伞之家”（1961年）、“上原街道的住宅”（1976年）等。

作为艺术的住居设计

作为清家清门下高材生备受瞩目的筱原一男的初期代表作，方形瓦片屋顶的外观，与3.7 m的高度形成良好的比例感，外观上如同寺院设计。内部使用打磨过的杉木圆柱和粗加工的杉木地板构成，外部和内部装修都采用了白墙作为基调，这也是作品名字的由来。以日本传统为轴心开展设计的筱原一男，以此作品达成了“抽象化的日本”的建筑空间。

“传统虽然是出发点，却不是一个转折点”，筱原一男带着这样的想法，对于传统空间和抽象空间先后表现出了意向，最后向着抽象空间的方向继续走了下去。“白之家”就是作为其中一个转折点的作品，之后的作品就都倾向抽象空间的方向了。这个作品由于城市规划需要建造道路的原因，在2008年移建别处。

在住宅追求生产性的时代迎来终结的时候，筱原一男说了“住宅是一门艺术”这样的话。其以日本传统为轴的抽象化空间结构给70年代以后的住宅建筑设计带来了很大的影响。

◆ 白之家 [1966年]

结构：木结构2层

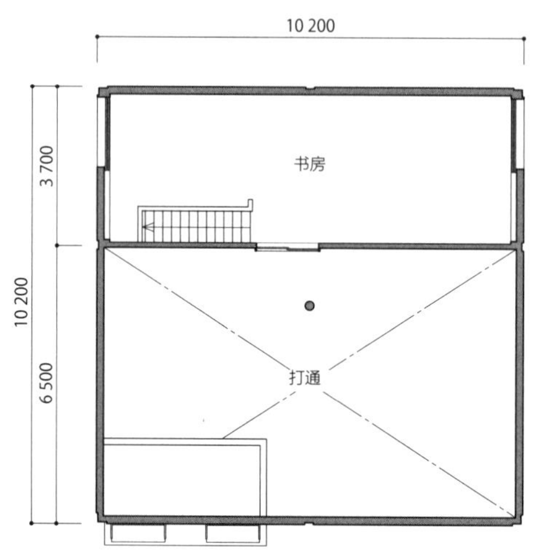

2楼平面图1：200

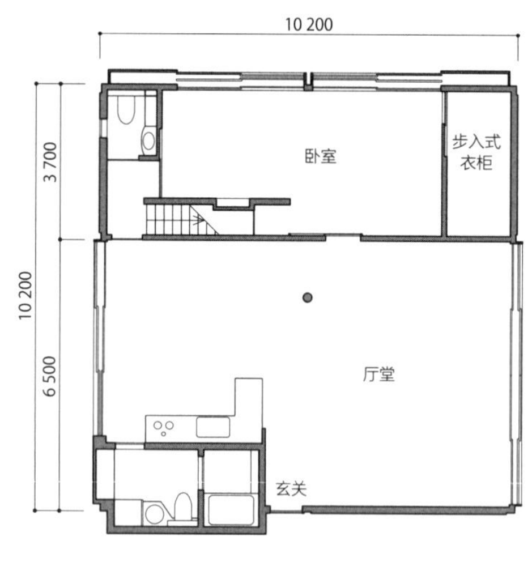

1楼平面图1：200

※：图纸和照片都是移建别处后的状况。

照片：10 m边长正方形的平面上，屋檐突出1.5 m的方形屋顶设计。外墙采用白色灰泥粉刷（材料提供：泽田佳久建筑研究所）

吉田五十八

Yoshida Isoya

（1894—1974）1923年东京美术学校（现东京艺术大学）建筑科毕业后设立了建筑事务所。专注于茶道屋的近代化，开创了使用直线条单纯结构为特色的现代茶道屋式样，给战后的和风建筑带来较大的影响。1964年获得文化勋章奖。设计了吉田茂、岸信介、梅原龙三郎、川合玉堂等诸多名人的住宅。

吉田流茶道屋

吉田五十八是对日本建筑近代化贡献最大的人之一。他对于茶道屋这种只有日本人能够建造的，在当时已经成为过往的建筑样式进行了诸多尝试。“猪股邸”就是吉田流茶道屋、战后新兴茶道屋的代表作品。也是采用木质窗框建造的最后的作品。优雅的门户、高度适当的屋顶、迎客用的绝妙的外部结构规划和入口、为使庭院和建筑一体化在门窗上下的功夫、使用最新设备的和室等，有很多值得观察的地方[在《茶道屋建造的细节—吉田五十八研究—》（住宅建筑别册17，1985年）中有详细介绍]。

通过在茶道屋采用立柱内包墙面，而非日本古代流传下来的立柱外露墙面，日本建筑也得以脱离建造方法的束缚，获得了形态上的自由。吉田五十八所带来的影响在现代的一般住宅的一门等地方就可以看到影子。

现在位于东京都世田谷成城地区幽静的住宅地内的“猪股邸”，和宽阔的和风庭园一同得到了保存，并对一般公众开放。同样由吉田五十八设计的位于御殿场的“东山原岸（信介）邸”（1969年）也对一般公众开放了。

◆ 猪股邸 [1967年]

结构：木结构平房｜施工：水泽建设公司/丸富建设公司

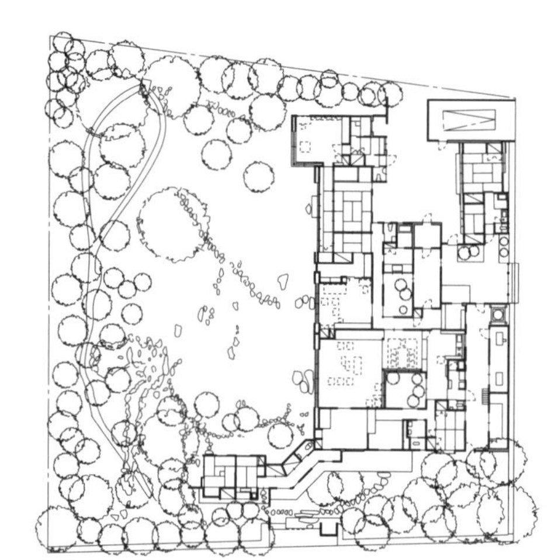

整体平面图1：800

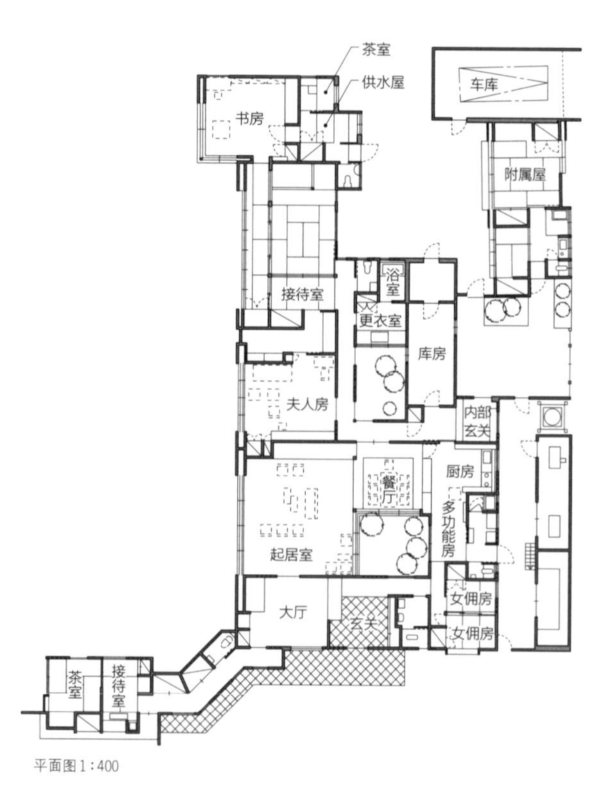

平面图1：400

《建筑知识》1962年7月刊的特辑《读者评选的作家和作品（第1回）·吉田五十八的近代茶道屋选》中登载了大量吉田五十八的作品。从餐厅到中村勘三郎邸的走廊窗户细节都能十二分地品味到吉田五十八充满美感的设计。

照片：有旧武士住宅风味的茶道屋建筑。庭院里种着赤松和梅花等多种树木还有苔藓，并设有环绕式的水路和庭院道路，富有日本庭园风格
（材料提供：世田谷信托和社区营造财团法人）

吉田五十八

—その人と作品—

谷口吉郎

自1962年7月刊《读者评选的作家和作品①吉田五十八的近代茶道屋选》

上远野彻

Katono Tetsu

（1924—2009）1943年毕业于福井工业高等学校。在竹中建设公司工作过之后于1971年设立上远野建筑事务所。在竹中建设公司工作的时候曾担任过安托宁·雷蒙德所设计的札幌圣米迦勒教堂的施工负责人。以一般住宅为中心着手设计适合北方气候环境的建筑。

气候和现代化的融合

上远野彻整个生涯都以“寒冷地区的住宅应该是什么样”为题开展设计活动。

“札幌之家”是他在寒冷的积雪地区建造的现代化建筑试验场，同时也是他的自宅和工作室。在施工现场焊接搭建的耐候钢框架设计仿若密斯凡德罗的法尔斯沃斯住宅，上远野彻自己称之为“桂离宫”。

砖块使用了江别市野幌的“野幌炼瓦”，烧制的砖块和钢架对比别有一份美感。混凝土块堆叠起来的墙面上施以100 mm厚的泡沫塑料作为隔热材料，再砌以砖块完成建造。窗扇使用双层玻璃，采用多层蒙纸移门，地面铺设石油加热的温水管作为地面取暖设施。平面结构上只有重要部分采用混凝土块建造，隔墙板都可以灵活拆除自由变更。

这个住宅的建造过程包含了所有在积雪寒冷地区所必需的基本技术。在严酷的自然环境中采用了新技术并凝聚了深厚功夫的这个住宅空间提案得到了很高的评价，之后也影响到了很多未来的设计者。

◆ 札幌之家（上远野彻）[1968年]

结构：钢架结构平房｜施工：三上建设

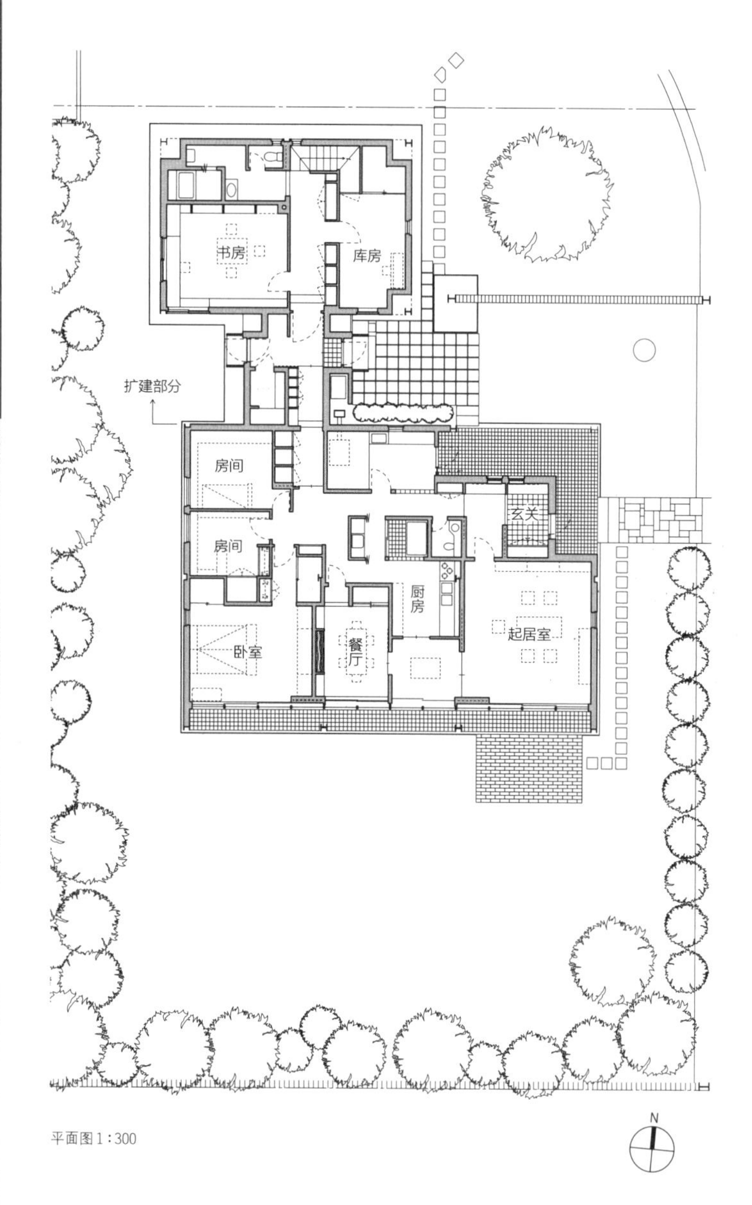

平面图 1：300

《建筑知识》1987年1月刊的特辑《向北国学习建造“温暖的住宅”》中登载了上远野的工作和采访内容。他在其中详细介绍了建造出温暖舒适的居住空间的设计手法。彩色照片中的“上远野邸”的红色砖墙美不胜收，让许多读者叹为观止。

照片：北海道现代化住宅的代表作品。耐候钢的锈迹和红色砖墙的纹理以及雪景的颜色，和鲜艳的一抹新绿相映成趣

（材料提供：上远野建筑事务所　摄影：平山和充）

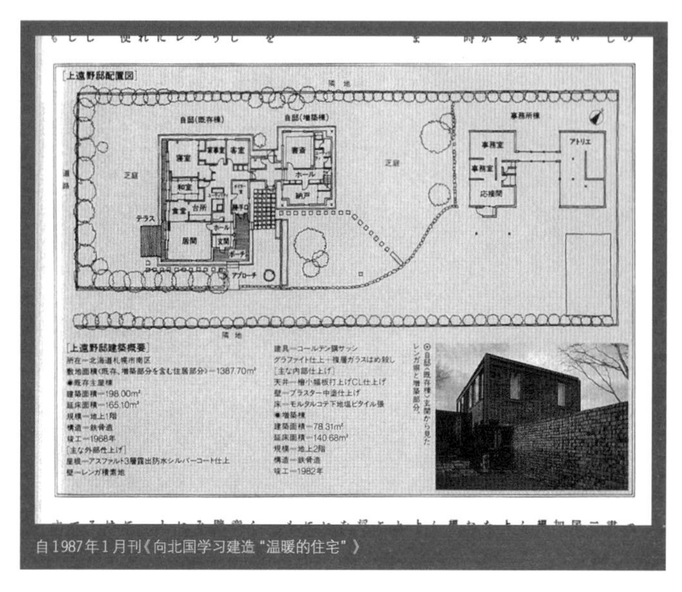

[上遠野邸配置図]

[上遠野邸建築概要]

所在—北海道札幌市南区
敷地面積(既存、増築部分を含む住居部分)—1387.70m²
●既存主屋棟
建築面積—198.00m²
延床面積—165.10m²
規模—地上1階
構造—鉄骨造
竣工—1968年
[主な外部仕上げ]
屋根—アスファルト3層露出防水シルバーコート仕上
壁—レンガ積素地
建具—コールテン鋼サッシ
グラファイト仕上+複層ガラスはめ殺し
[主な内部仕上げ]
天井—檜小幅板打上げCL仕上げ
壁—プラスター中塗仕上げ
床—モルタルコテ下地塩ビタイル張
●増築棟
建築面積—78.31m²
延床面積—140.68m²
規模—地上2階
構造—鉄骨造
竣工—1982年

⊙自邸(既存棟)玄関から見たレンガ塀と増築部分。

自1987年1月刊《向北国学习建造"温暖的住宅"》

20世纪70年代

时代概括

都市住宅的时代

都市和郊外的分离

作为日本高度经济成长期总体现的1970年大阪世博会取得了巨大的成功，以此为支点，日本经济也再一次焕发了活力。然而作为现代化总展示的大阪世博会同时也显露出了建筑界现代化到达的极限。

20世纪60年代开始的都市化和郊外化趋势在进入70年代后更加明显，私营开发商在各地郊外展开开发活动，建筑师也参与到其中，给出了各种各样的提案。**内井昭藏**在这个期间于倾斜地势上创作的“樱台庭村”（1970年）就是一个很好的例子。同时作为和日本住宅公团同质化的集体住宅风格相对的，接地性更高的低层集体住宅等也备受关注。其中需要着重提一下的就是槙文彦的“代官山Hillside Terrace”计划。以地产拥有者和建筑师巧遇的1969年为契机开始，对街区进行重新开发、将包含店铺、画廊、餐厅以及住宅的建筑群巧妙结合起来，新的街区就这样诞生了。

《都市住宅》的影响力

1968年创刊的《都市住宅》是代表这个时代的建筑新闻刊。在其上活跃的建筑师和住宅创作者被称为“都市住宅派”，有**宫胁檀**、**阿部勤**、**铃木恂**、**黑泽隆**等。宫胁檀使用方盒结构包裹与生活紧密结合的空间，这种住宅风格继承自吉村顺三，轻松明快因而人气颇高。阿部勤和铃木恂等采用钢筋混凝土结构，使用清水混凝土方盒营造出独特空间效果的住宅作品，即使放在今天也依然毫不褪色地释放着自己的魅力。《都市住宅》的魅力自然离不开各个住宅创作者的真材实料，而编辑植田实的个人魅力影响也很大。《都市住宅》对于住宅近乎贪欲的热情，到达了所谓“自主性建造”和“社区化研究”的程度；甚至在后现代化潮流中向“保存经济学”的话题转变，直到停刊前都带来极大影响力。

和都市住宅派同时代在关西地区活跃起来的**安藤忠雄**则凭借“住吉的长屋”（1976年）冲击了当时的建筑界。该作品与近代建筑强调功能性和使用便利性的口号形成了鲜明对比。使用钢筋混凝土结构、清水混凝土板打造的小型化主义与“塔之家”一同驰名世界。

作为对现代化反思时期的70年代，建筑界诞生了诸如复活装饰风格、对历史式样的改观、对环境的关注等各种潮流。住宅范畴内的后现代代表作品如**石山修武**的“幻庵”（1975年），是一处采用波纹管等工业制品建造的“秋叶原风格”的住宅。其他还有以宇宙论为出发点的话题作品，如毛纲毅旷的“反住器”（1972年）等也在这个时代涌现出来。另一方面，在60年代非常盛行的都市性构思影子渐渐退去的背景下，**石井修**提出的远离都市拥抱自然的方案获得了多数赞同者，其自宅“木神山之家”的周围也建造了许多同样理念的作品。

[案例1] 中山邸

Mayumi Miyawaki

◀书房部分的山墙外观

◀玄关走廊

◀钢筋混凝土部分的屋顶结构

4 200
2 130
1 950
180
屋檐高度2 790
最高处高度5 800
250
G.L
9 000

剖面图

剖面图

器具部分的南北、东西轴侧剖面图。木结构部分中的起居室是住宅的中心空间，天花板附近如有恶魔般的黑暗部分和下方完全开放的明亮空间形成强烈的对比。

下方基本上使用玻璃来透光，内部上方涂刷成挪威云杉一样的灰色，用来强调这种感觉。

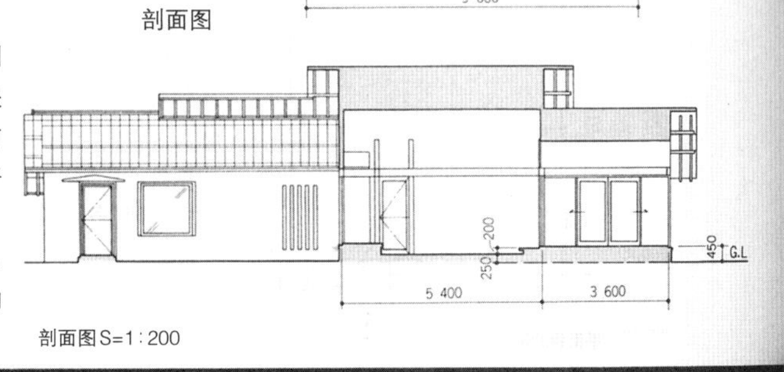

剖面图S=1∶200

70年代，宫胁檀创作了许多使用箱体混合结构的巧妙的作品。
然而“中山邸”（1983年）却抛弃了这种箱体的范式，
而是将“混合结构”这种物理概念表现在了外形上。——1983年9月刊

从过往的《建筑知识》杂志看

建筑历史

20世纪70年代

都市住宅的时代

本稿登载作品　建筑历史中发生的事情

公寓建设的反对声音

采光问题、视野、广播信号障碍、施工中的震动、噪声、灰尘等“建筑公害”成为了社会性的问题。设计、管理方面的老手来诉说和周围居民协商的经验——❷

特辑《“建筑公害”对策方法体验》(2月刊)

1974年2月刊《“建筑公害”对策方法体验》

任何时代法律修正都不是易事

共用住宅等的墙面隔音标准；避难、防火、灭火相关标准；集体住宅规则的完善等，对于不断在修正中的记住基准法令的修正内容做了详细解说

特辑《建筑基准法令修正部分一点就通》(3月刊)

1970年

- **《建筑基准法》修正**(强化防火和避难等的条款，容积率条款，集团条款的全面修正，综合设计制度)
- **大阪世博会开幕**
  丹下健三等诸多建筑师和设计师都动员了起来参与到整体的规划活动中，在世博会场中出现了许多实验性项目的成果
- **内井昭藏“樱台庭村”**

1971年

- **《建筑基准法实行令》修正**(强化耐震基准)
- **环境厅成立**
  用政策解决高度经济成长引起的公害、环境问题
- **宫胁檀“松川盒”**
- **大野胜彦“Sekisui Heim M-1”**
- **札幌冬奥会开幕**

1972年

- **《日本列岛改造论》发表**
  以田中角荣内阁为中心，日本全国地产开发热潮和土地买卖使得地价暴涨

1973年

- **第1次石油危机**
- **新住宅奠基数量约190万户**

1974年

- **基于《建筑基准法》推出框架墙面施工方法的技术基准**
  以往各个案例单独批准的框架墙面施工方法现在作为一般施工方法公开化
- **阿部勤“我的家”**

防火措施指南

建筑基准法令的修正使得建筑物防火措施方面的要求变得更复杂了，也让设计师平添了不少烦恼——❶

特辑《新防火设计基准和对策》(5月刊)

木结构公寓是城市中必要的恶吗?

共用的卫生间，没有泡澡的地方也没有个人空间的都市中必要的恶……对这样受到恶评的木结构公寓观念进行改观尝试的一次特辑

特辑《民间公寓》(3月刊)

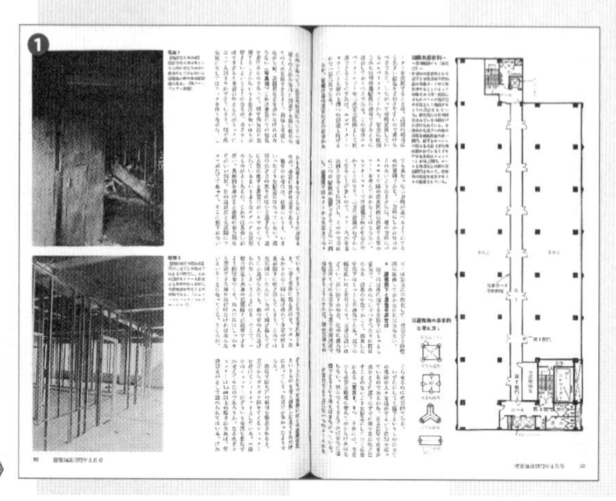

1972年5月刊《新防火设计基准和对策》

混凝土龟裂的烦恼

混凝土龟裂的问题日趋严重却又得不到解决。这个特集给出了技术方面的指导以及从经验中习得的实践手法。从施工的立场来说，最好的混凝土应该是从下方往上浇筑而成的，而不是反过来从上往下浇筑——❸

特辑《混凝土龟裂对策》(12月刊)

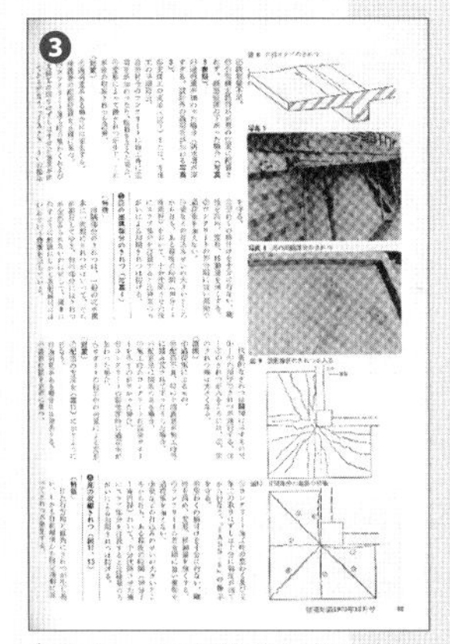

1975年12月刊《混凝土皲裂对策》

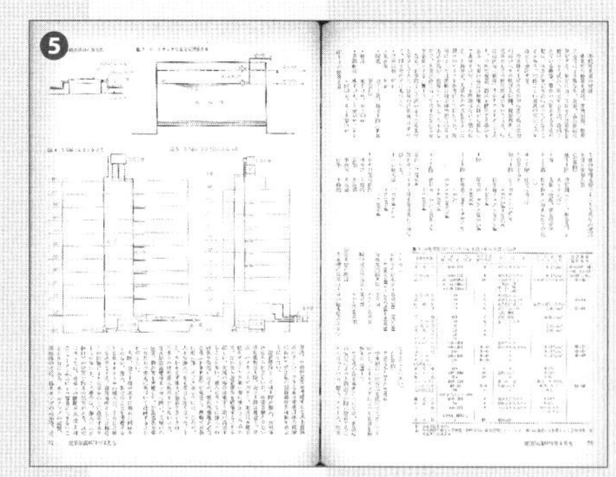

1977年2月刊《塔状建筑物设计和施工指南》

建造塔状建筑物

此次特集是塔状建筑物的设计和施工指南。在市区内进行施工的时候要先和邻居协商好各种事宜才能开工。在这个特集中也列举了"怀着尊敬的心情，像和亲戚交谈一样去商量"等心得——❺

特辑《塔状建筑物设计和施工指南》(2月刊)

1975年

- **冲绳国际海洋博览会开幕**
- **日本建筑师事务所协会成立**

- **石山修武"幻庵"**

1976年

- **《建筑基准法》修正**(新设采光方面的规章)随着各种不同用途地方的公寓等中高层建筑的建造，采光障碍成为了一个大问题

- **铃木恂「GOH-7611刚邸」**
- **安藤忠雄「住吉的长屋」**
- **石井修「目神山之家**(回归草庵)**」**
- **藤本昌也「水户六番池团地」**

1977年

- **黑泽隆"星川方盒"**

1978年

- **宫城县冲地震**(日本气象厅烈度等级5级，里氏7.4级)
- **成田机场投入使用**

- **山本长水"西野邸"**
- **横河健"隧道住宅"**

1979年

- **日本建设省(相当于我国建设部)下达了关于建筑物方面，特别是抗震方面的指导方针**
- **能源使用合理化相关的法律(《节能法》)实行**
- **第2次石油危机**

首次读者一同参加的企划！

发表了首次读者参加的项目《第1回　读者评选的建筑6所》的评选结果。虽然应该有6个当选作品，然而很遗憾一个都没有当选

特别企划《第1回　读者评选的建筑6所》(12月刊)

再开发政策可以带来更多身边的工作吗？

再开发项目小规模化会为设计师带来许多近在身边的工作机会，基于这样的预测登载了再开发规划的步骤和方法——❹

特辑《解读再开发规划》(8月刊)

地震不止，战斗不息

对1981年6月开始实行的抗震指导方针和抗震研究的计算案例做了先导性的解说

特辑《如何把握新抗震设计》(12月刊)

51 mm×102 mm建材施工方法已成定型？

钢架和钢筋混凝土装配式住宅的不景气前提下，木结构住宅能够成为住宅建造主流所必需的51 mm×102 mm建材施工方法(框架结构)就登场了。在当时受到各种质疑的时候，该文章登载了从51 mm×102 mm建材施工方法先进国家，美国和加拿大考察得出的成果报告

文章《51 mm×102 mm建材施工方法考察报告》(5月刊)

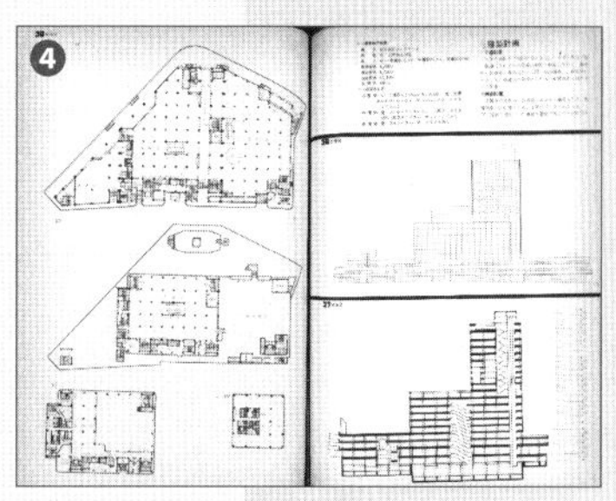

1976年8月刊《解读再开发规划》

内井昭藏

Uchii Shozo

(1933—2002)1956年毕业于早稻田大学理工工学部建筑学科。1958年在同大学硕士毕业。担任菊竹清训建筑设计事务所副所长后，于1967年开设内井昭藏建筑设计事务所。以与人亲近平和的建筑设计为主，设计了许多公共建筑。凭借"樱台庭村"获得1970年度日本建筑学会奖。主要作品有"身延山久远寺宝藏殿"(1976年)、"世田谷美术馆"(1985年)等。

依坡而建的集体住宅

樱台庭村是内井将自然秩序融入建筑里的一项提案，借助私营开发商的新项目建造了出来。施工用地南北方向细长、西面是一处斜坡并且北面地势向下形成平均24°的倾角，进深有限，地形相对恶劣。内井的提案是在这样一处地方采用钢筋混凝土结构建造2~6层、共40户的住宅，这是一个可容纳人口160人的小型社区。

作为住居集约化的方法，墙面结构采用了立体方格系统，所有的房间都遵循3.6 m×3.6 m的平面方格布局。停车场沿着道路建设，从三处楼梯往上走会来到位于三栋住宅楼背后的便道，这些便道的中央部分均连在一起。从便道可以来到专用道路上，专用道路使用楼梯通往各住户。通过从个体到整体极致精巧的入口结构营造出了魅力独特的道路空间。

与单纯高密度的住宅方案不同，该集体住宅提案通过集成化的住宅结构可以获得独立住宅所没有的开放空间等好处。

◆樱台庭村 [1970年]

结构：钢筋混凝土2~6层｜施工：东急建设

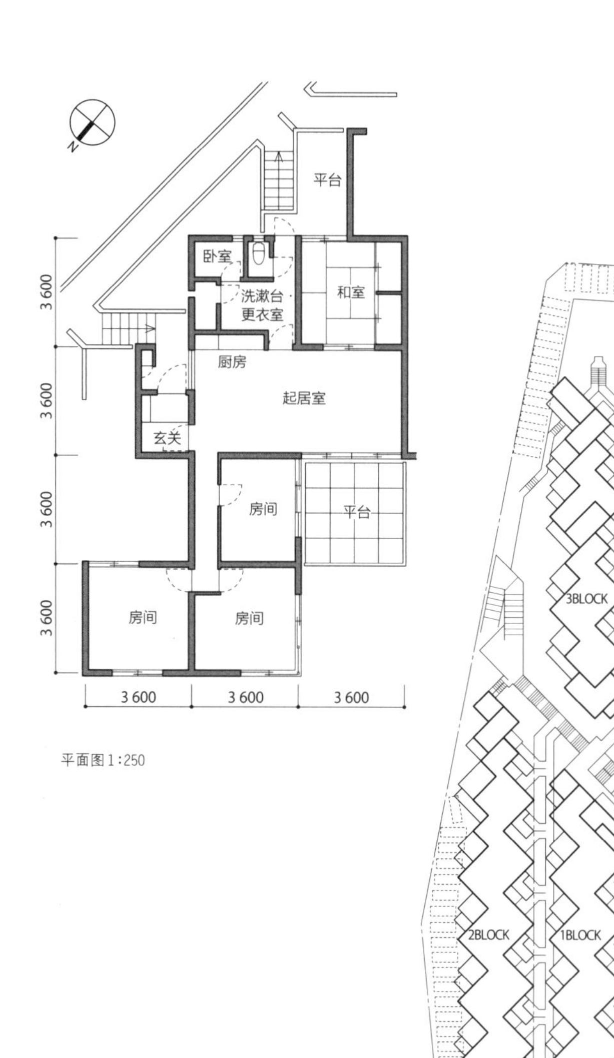

平面图1:250

平面图1:1 200

随着东急田园都市线(东京・涩谷和神奈川县中央部连接的铁路线)长津田站的开通而开发起来的这片地区，位于多摩丘陵尚未开发起来的斜面上。虽然当时集体住宅对于房地产开发商来说价值偏低，内井仍然提出了最大限度利用集约化的优势和公团的两室一厅独立厨房方案不同的结构。那时他曾说过"就是在用地条件恶劣的时候才能体现出设计的能量来"。

——内井乃生(内井昭藏夫人，文化学园大学名誉教授)

照片上：照片左是建筑北面。朝向西面，在北面向下倾斜的斜坡这种对建设来说非常不利的土地上建造集体住宅，并且达成了意外的良好居住环境

下：积极利用自然环境的开放空间

(摄影上：新建筑社写真部　下：奥村浩司)

大野胜彦

Ono Katsuhiko

（1944—2012）1967年毕业于东京大学工学部建筑学科。在同大学研究院（内田祥哉研究室）研究建筑的工业化。1970年和积水化学工业一起开发了采用低价格高性能的装配式施工方法建造的“Sekisui Heim M-1”，现在依然受到很高评价。1971年设立大野工作室一级建筑师事务所。

单元施工方法建造的高品质“方盒”

隶属于东京大学的内田祥哉研究室，研究建筑工业化的大野胜彦，协同积水化工一同开发的Sekisui Heim M-1，采用了和业界主流的钢骨框架结构不同的单元施工方法，成为了当时的热门话题。

以轻型钢骨、外墙板材、折板屋顶为主材料，在工厂装配完成的长5.6 m×宽2.4 m×高2.7 m的箱体就是一个单元部件。使用卡车搬运，在施工现场只要使用起重机装配就可以建成了。由于工厂生产的比例提升到了80%，因而1坪左右的成本约为134 000日元[注]。发售后5年内被17 000户住户采用。现在的Sekisui Heim钢骨系列住宅依然继承了这种外观简洁和设施充实的理念。

自从“Sekisui Heim M-1”登场以后，采用单元施工方法商品化的住宅陆续发售了。这种把住宅按照卡车能够搬运的最大尺寸模块化的思路，以及全新的生产方法给日本的住宅业界带来了巨大的影响。

[注]：按2016年3月的汇率计算，1 m^{2}成本约为2 330元人民币。

◆ 大野胜彦 [1971年]

结构：轻型钢骨结构｜施工：Sekisui Heim

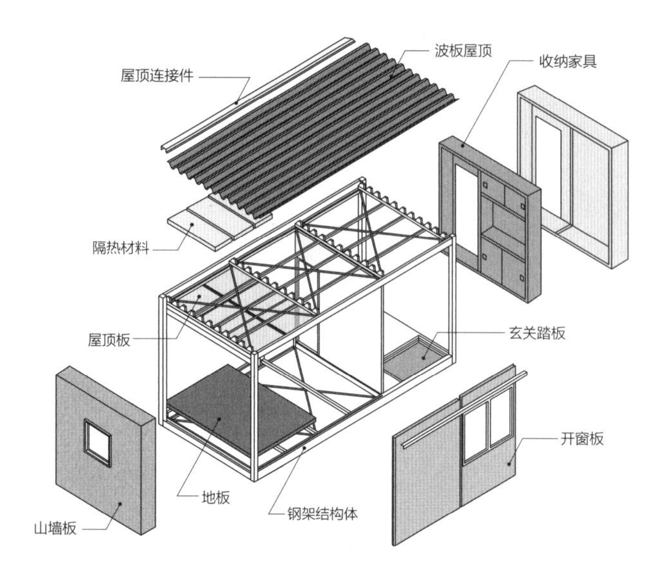

2楼平面图1:200

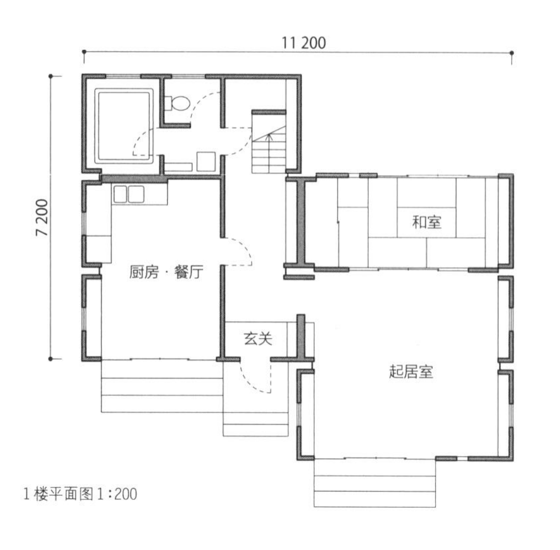

1楼平面图1:200

照片：将上下、侧面、山墙、横梁连接到单元结构上，就可以形成各种不同布局。《日本的现代建筑选100例》（现《日本的DOCOMOMO选150例》）中唯一一作为工业化住宅入选的作品

（材料提供：Sekisui Heim Create）

163 建築知識1983年5月号

建築知識1983年5月号 162

自1983年5月刊　大野胜彦的连载《报告文学 用来建造住宅的部件》

宫 胁 檀

Miyayuki Mayumi

(1936—1998)1959年毕业于东京艺术大学美术学部建筑专业。1961年修完东京大学研究院工学系研究科硕士课程。1964年设立宫胁檀建筑研究所。他在写作方面也十分活跃,留下了大量关于建筑的著作,在建筑师还不一定设计住宅的时代就成为了世人皆知的住宅设计师。主要著作有《日本的住宅设计》(彰国社)等。

混合结构的住宅

坚持在主箱体(盒子)空间中创作优质的生活空间的宫胁檀,凭借住宅作品得到了日本建筑学会奖。

“松川盒”是一处与倾斜地势上高出地面的方形盒状住宅“蓝盒”(1971年)并列的盒体系列代表作。采用了将钢筋混凝土结构的箱体分成两块延伸出去,在中间插入中庭的形式。为了和周边环境相称采用了钢筋混凝土建造外箱体结构,与之相对的内部则参考作为民间艺术品收藏家的户主喜好使用了木材料加工。与外界相称的外侧(钢筋混凝土结构)和反映生活的内侧(木结构)作为对比有意识地融合在一起,也是混合结构的最初作品。

7年后作为住宅兼具画廊与出租屋复合要素的“松川盒2”也建成了。

宫胁所着手的住宅立足于生活的同时,在美学上也有着独特追求。这些是从恩师吉村顺三处学来的思想,但是因为宫胁的住宅设计因为和居住者处在同一个视线上看待问题,现在被很多年轻设计师所参考。

◆ 松川盒 [1971年]

结构:钢筋混凝土+木结构2层 | 施工:富田建设公司

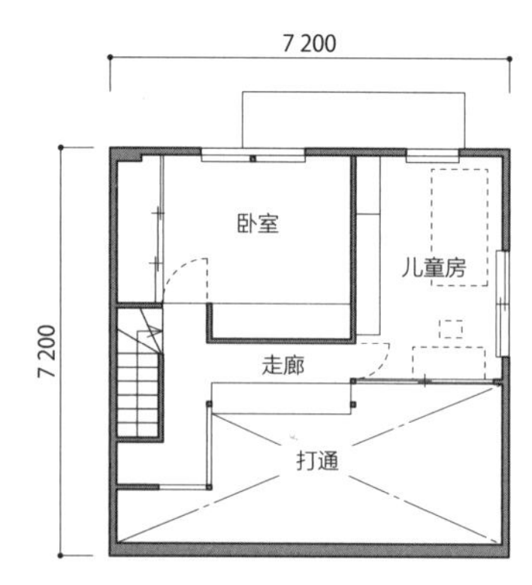

2楼平面图1:200

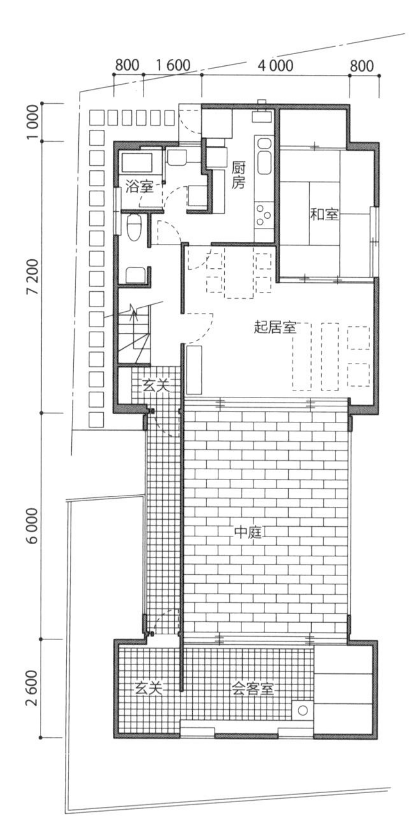

1楼平面图1:200

《建筑知识》1983年9月刊的特辑《我的混合结构住宅设计方法》的开始部分中,宫胁先生曾说过“住宅因为其规模较小,细节部分都规定完成后,整体也就出来了”,在其之上又说了“混合结构中(中略)部分和整体的理论可以根据结构按阶段来分离讨论之,因此也会比较轻松”。

照片:以中庭为主体和主屋分离的两个箱体结构相对排布
(摄影:村井修)

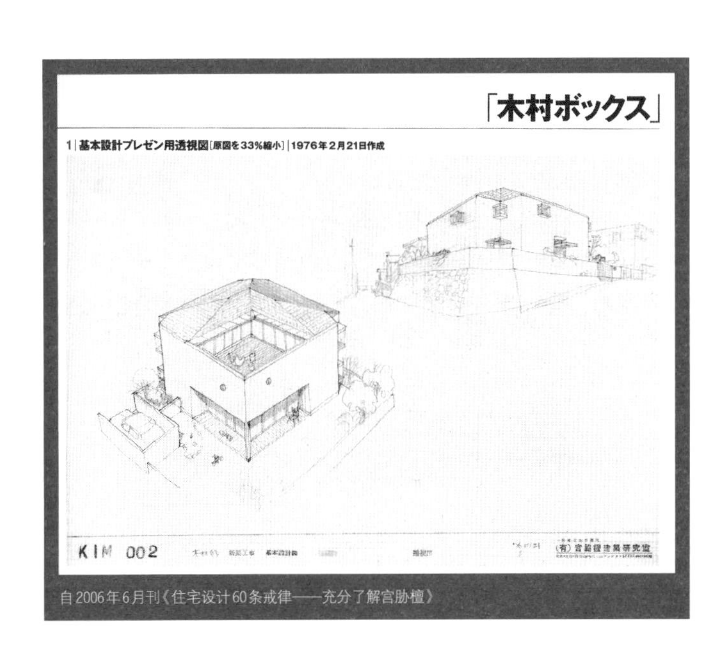

自2006年6月刊《住宅设计60条戒律——充分了解宫胁檀》

阿部勤

Abe Tsutomu

（1936—）1960年早稻田大学理工学部建筑学科毕业后；就职于坂仓准三建筑研究所。1975年和室伏次郎一同设立ARTEC建筑研究所。以“经受时间考验历久弥坚的优秀住宅”的工作成就，获得6次日本建筑家协会的25年奖[注]。

嵌套式的平面结构

阿部勤追求与环境、与人和谐的都市型住宅。其自宅内外连接处称为室外起居的半室外空间，同时也是住宅内外之间的缓冲带。采用清水混凝土墙面结构形成微暗的1楼空间，2楼则采用木制框架结构形成大型的采光通风空间，明亮而轻快。平面上采用了两重嵌套式结构。

在1楼的中心部分设有起居室，卧室在2楼的中心部地板水平770 mm高度之上。各层的外侧则设有厨房、餐厅、工作室和平台等向外的空间。平面结构简单的同时，平滑地把树木繁茂的外部空间和私密的内部空间连接了起来，形成了极佳的层次感。展现出了与各式各样树木的成长共栖的住宅设计来。

外部方面，建筑和整个施工地呈30°摆放，这样就会多出四个庭院来。街角种植的大型榉树作为住宅的标志树木也成为了街景的一部分。“我的家”作为随着时间成长的住宅与街区应有关系的一例，对于正在考虑都市和住宅关系的设计者来说，也是一个加入这方面思考方式的契机。

[注]：JIA25年奖，表彰历经25年以上“对地区环境有长久贡献、久经风雪考验依旧维持良好状态、能对社会表达建筑意义的建筑物”，以及“赋予这些建筑美与存在的人们（建筑家、施工者、户主以及维护管理者）”，通过这样的方式在多样化的价值基准中，一方面对建筑的作用做出重新界定，一方面也以提示未来的建筑物应有的标准为目的。

◆ 我的家 [1974年]

结构：钢筋混凝土结构+木结构2层｜施工：内堀建设

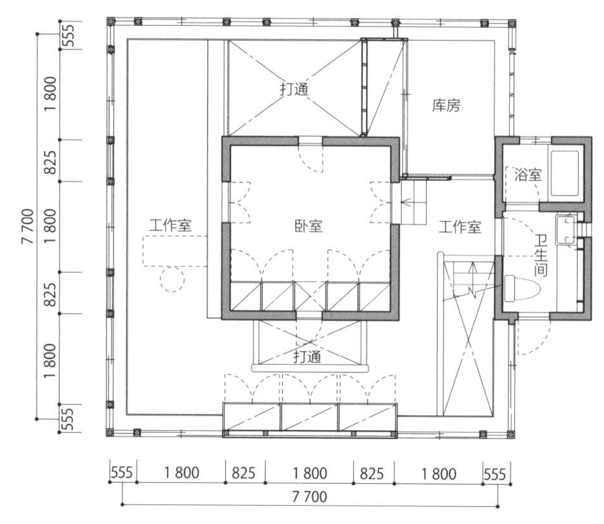

2楼平面图1:150

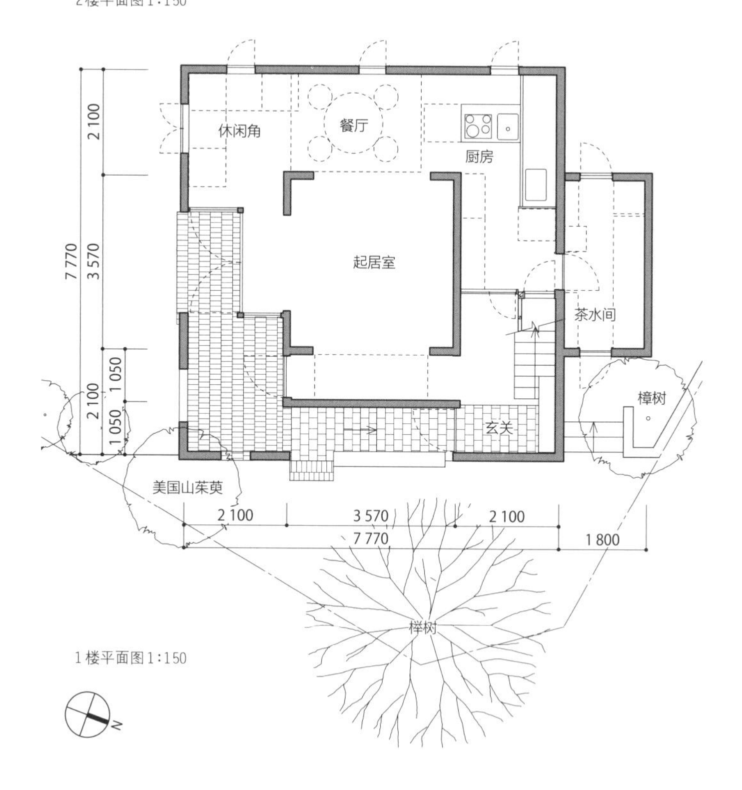

1楼平面图1:150

混凝土墙面和木材料的混合结构建造出来的“我的家”历经40年岁月未曾劣化，并且因为住户与环境和谐共生而益加完美。设计上也没有明显的落伍感且不被流行所左右，可能和其不变的“据点”“包围”“覆盖”等从居住空间的原点出发的思想密不可分。——阿部勤

照片：墙面围起来的内部以及绿意盎然的外部形成两重包围，内外界限暧昧的空间。屋外的生活空间也使人心情愉悦

（摄影：藤塚光政）

石山修武

Ishiyama Osamu

（1944— ）1966年毕业于早稻田大学。1968年在同大学建设工学科硕士毕业后，开设建筑设计事务所。1988年就任早稻田大学理工学部教授。2014年担任同大学名誉教授。1975年和川合健二共同发表的登台作品“幻庵”，采用了波纹管来建造，并形成了冲击性的效果。在建筑设计、泛用设计[注]、社区营造以及分销、媒体等广泛的领域开展研究工作。同时对于写作活动也抱有相当的热情。

建筑的后现代派

石山修武的作品会给人以强烈的印象。“幻庵”就是一例。

隧道、暗渠等土木工事常用且大量生产的波纹管稍加功夫，就作为建筑材料建造出这处住宅兼别墅来。在建筑领域也作为后现代派的代表作。竣工时作为一家三口的住宅，同时应户主要求，设立了具有待客用房间功能的茶室。

石山修武受到设备技师川合健二的影响，设计了多处如同幻庵这样的波纹管住宅。波纹管住宅采用了2种共计65根、总重量4 709 kg的波纹管和2种共计1 400根螺丝，由非专业人士人力建造而成。幻庵虽然得到了熟练的铁制品工匠的协助，然而使用了当时普遍生产的材料，并且由非专业人员也能组装出来的“秋叶原风格”，颠覆了传统的建筑观念。

幻庵特别的风貌给建筑界留下了深刻的印象。在这之上，采用工业制品手工制造风格的手法，因与建筑生产系统相悖而引起巨大的反响。

◆ 幻庵 [1975年]

结构：螺旋式圆柱结构2层 | 圆柱体制造方：川崎制铁

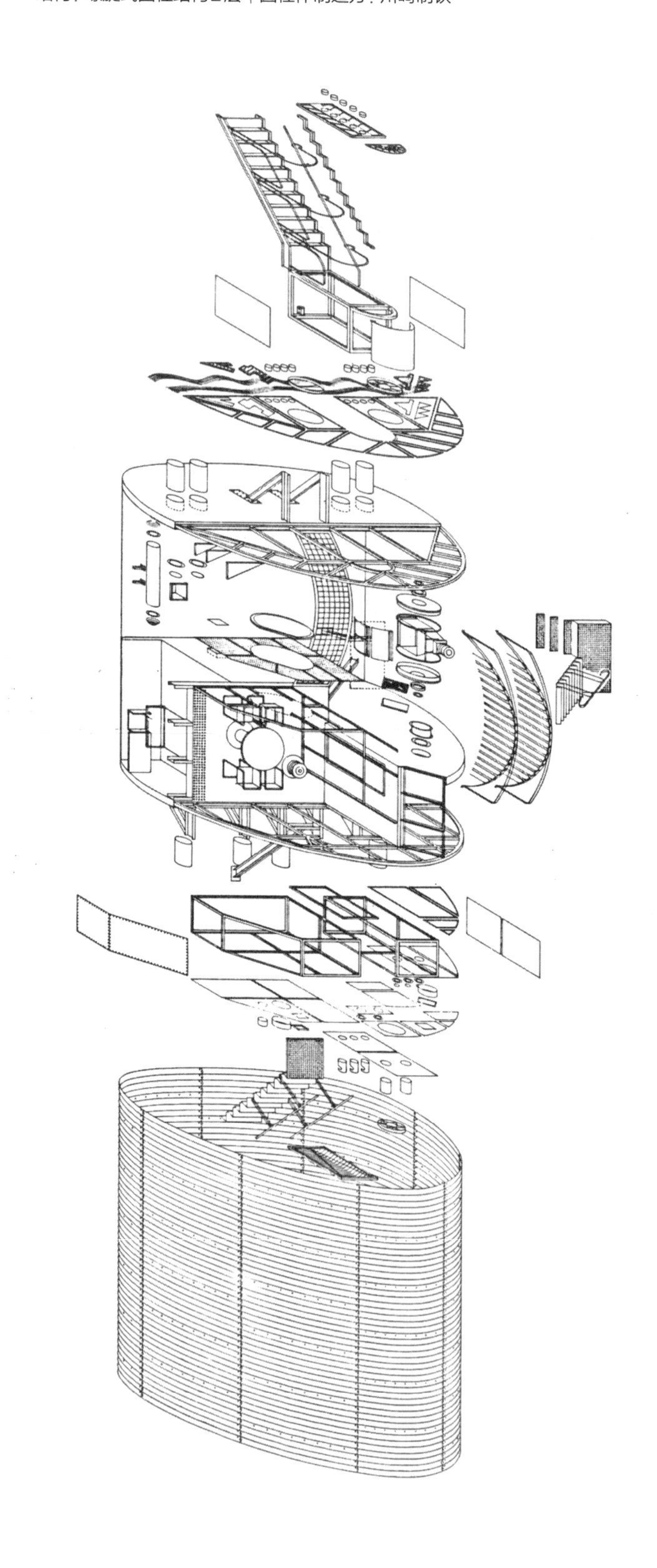

照片：石山修武年轻时所喜爱的保罗·克利的画作、曼陀罗、新古今和歌集、装饰古坟等风格全部融入到了正面式样中

（材料提供：石山修武研究室）

［注］：“設計”“デザイン”在建筑领域前者是法律规定的用词，偏向于结构、建筑整体的设计。后者则是泛指的设计。

铃 木 恂

Suzuki Makoto

(1935—)1959年毕业于早稻田大学理工学部建筑学科。同大学研究院硕士毕业。就读硕士的时候师从吉阪隆正。1964年设立铃木恂建筑研究所。担任早稻田大学名誉教授。60~70年代以清水混凝土板为中心设计了多处小住宅。作品有惠比寿Studio(1980年)、GA画廊(1983年)等。还有包含草图和摄影集在内的大量著作。

混凝土箱体结构的空间装置

铃木恂在吉阪隆正研究室就读硕士时参加过海外的项目，其后也在中南美、欧美、中东以及近东地区等世界各地游走，成为了视野广阔的"都市住宅派"建筑师。并以将可动式的空间装置插入单纯几何结构的混凝土箱体中的手法闻名。

"GOH-7611刚邸"是两个长方形平面的楼以3:5的斜度轴线相交的方式合体而成。通过这样的方式，在住宅密集地使得开放的阳台、平台等半屋外的部分得以和室内的私密空间这样相反的要素和谐存在。其后2楼的平台根据规划时期就想好的家庭成员结构的变化，扩建出了一处房间。

铃木恂以清水混凝土住宅为契机，设计了多处小型住宅。使用混凝土的崭新空间构想力和保证了独特性和扩张性的手法，使其从以往的集团性中脱颖而出，使用建筑语言给高速成长期以后趋向个性化的生活做出了解答。

◆ GOH-7611 刚邸 [1976年]

结构：钢筋混凝土结构2层｜施工：大荣总业

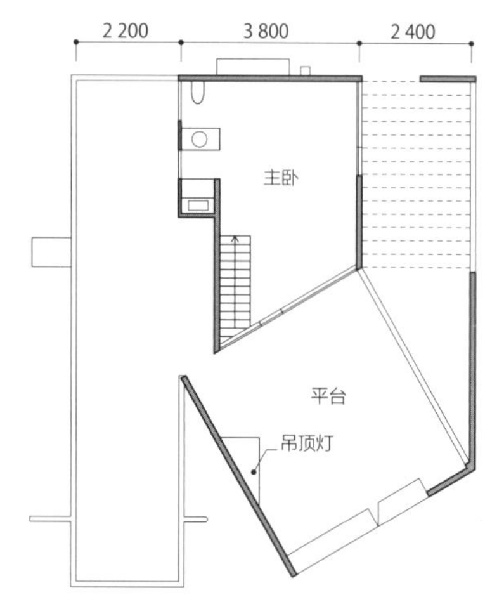

2楼平面图1:200

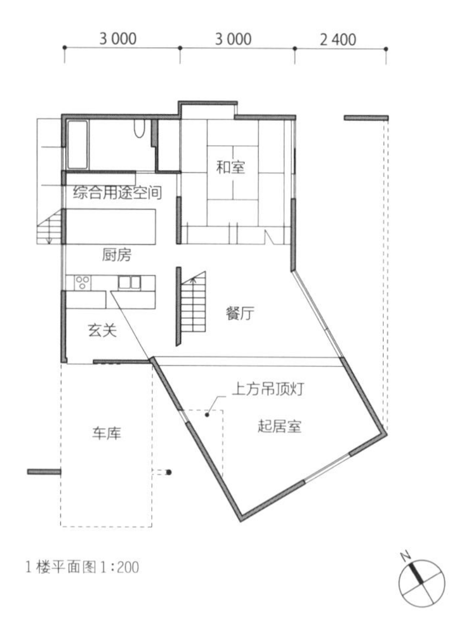

1楼平面图1:200

从这个住宅建成到现在已经过去将近40年。当时还未婚的户主现在也已经结婚生子，同时也把这里作为了自己工作的地方。为了能够适应这样的生活的变化，对这个建筑进行了2次大的扩建和持续的修补工作。当时采用的清水混凝土虽然带有过去年代的风格，但是作为整个空间的骨架来说则是一成不变地经久耐用。这是我作为建筑师值得骄傲的地方。

——铃木恂

照片：如示意图一般简洁明朗的清水混凝土2层箱体结构
(摄影：Y.Suzuki)

安藤忠雄

Ando Tadao

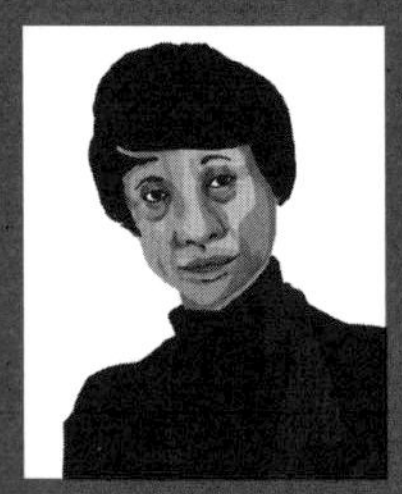

(1941—)自学建筑学，1969年设立安藤忠雄建筑研究所。从个人住宅等的设计出发，现在也涉及大量大型公共设施和海外的项目。1995年获得普利兹克奖。东京大学特别荣誉教授。主要作品有“六甲集体住宅I”(1983年)、“表参道Hills”(2006年)等。

清水混凝土和自然

安藤通过使用非天然的清水混凝土这种素材所建造的建筑以自然的气息这种独特的表现方式，不断创作出世人未曾见过的建筑，给世界带来了冲击。“住吉的长屋”提案使用三个连体长屋组成一整个长屋，并替换为混凝土箱体的建筑方式。这个极度抽象画的建筑就成为了安藤被世人广为所知的契机。

入口宽3.3 m，进深14.1 m，面积约46.5 m^2的细长建筑被三等分，形成东西两侧的2层建筑夹着中间露天庭院的结构。1楼设有起居室，中庭的另一端是厨房和浴室；2楼有两个房间，通过阳台走道连接在一起。墙面和屋顶都使用清水混凝土，1楼的地面使用玄晶石加工而成。单纯的结构却透露出丰富的空间变化效果，随着季节流转通过中庭也可以给生活增加更多色彩。

这个中庭使得下雨天去卫生间时就需要打伞。这就引出了“居住”这一个行为的强烈意识来，该建筑是一个饱含了对只追求舒适度的近代住宅的强烈批判的作品。

◆ 住吉的长屋 [1976年]

结构：钢筋结构2层建筑 | 施工：Makoto建设

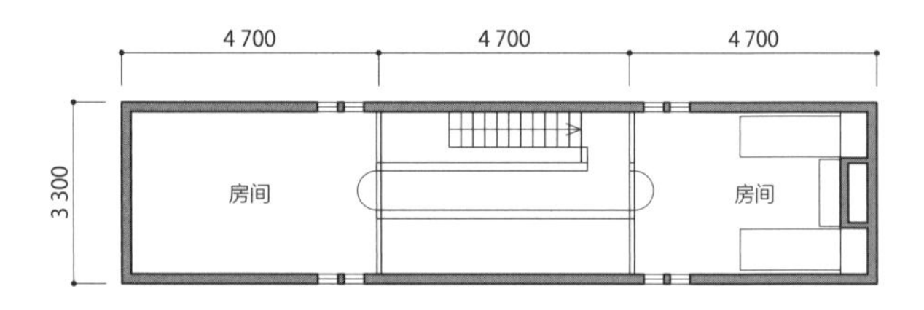

2楼平面图 1:200

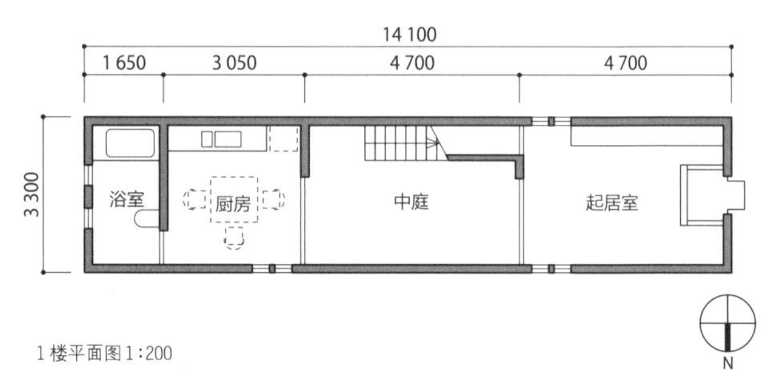

1楼平面图 1:200

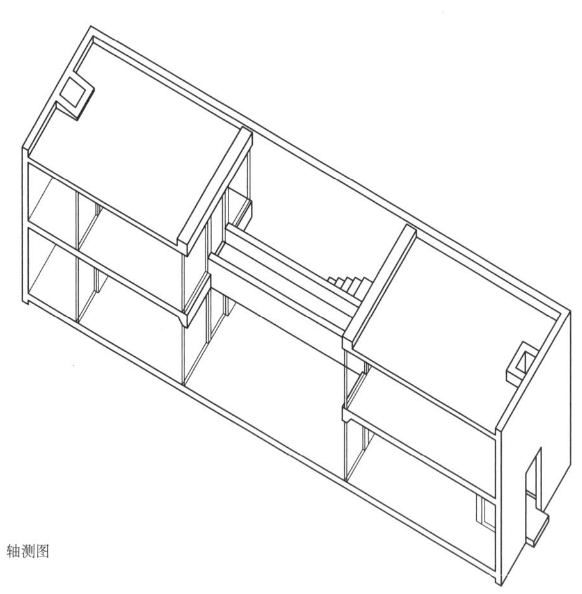

轴测图

在刚发表的时候，这个设计受到了大量的非议。比如建造这样一处不宜居住而且看上去寒冷的住宅到底是怎么想的之类。然而“住吉的长屋”却在有限的预算里，就应该如何把町屋所特有的日本传统赋予现在住宅这个问题，思考到了可能性的极致，然后才诞生了这个作品。至今经过35年竣工后，作为去除了一切多余部分的生活空间，也作为节能住宅的原点而大受好评，着实令人惊讶。

——安藤忠雄

照片上：从建筑上方向下看。平整排列的水泥板连接线位置上可以窥见安藤对于素材寄予的强烈热情

下：露天的中庭。大胆地采用了中庭的设计后，使容易显得昏暗的长屋各个房间都能被阳光照射到

（材料提供：安藤忠雄建筑研究所）

石 井 修

Ishii Osamu

(1922—2007)1940年毕业于奈良县吉野工业学校建筑科。就职于大林组东京支社。1956年开设美建建筑事务所。以最大限度自然地利用地形、绿化和居住空间和谐共生的建筑为目标。主要作品有“Charle本社”(1983年)、“鹿台之家”(1994年)、“绳庵”(1994年)等。凭借“目神山系列住宅”获得1986年度日本建筑学会奖。

顺应地势来设计

石井修以自然和建筑的融合作为一生的主题,无论平地还是倾斜地势,都做到地形变更最小化,设计出与自然环境共生的住宅来。

“目神山之家”20栋的作品位于兵库县六甲山系东侧的甲山山谷处,其中最早建造起来的“回归草庵”也是石井修的自宅。由道路开始向东面突然陡增的地势上,上方一栋采用屋顶庭院设计的钢筋混凝土结构(儿子儿媳一家),下方一栋采用木结构设计,两栋之间使用玄关、回廊和楼梯间的空间来连接。朝天的钢筋混凝土住宅和朝地的木结构住宅两种相反的要素融成了一体。在林中顺着山坡地形建造可以使下方的房间瞭望广阔的目神山绿影。

“回归草庵”获得2002年日本建筑师协会25年赏大奖。经年累月愈发焕发建筑本身魅力的设计如今也站在时代的前端。直接活用自然环境建造住宅的想法虽然显得颇为激进,然而现在并不少见的屋顶绿化等环保住宅的思考方式说是从“回归草庵”发源而来也不为过。

◆ 目神山之家(回归草庵)[1976年]

结构:钢筋混凝土结构+木结构2层|施工:中野建设公司

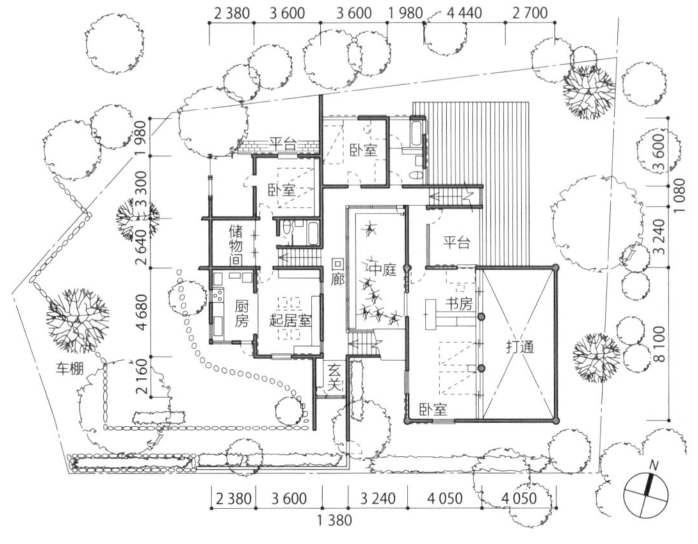

上层、中层平面图1:400

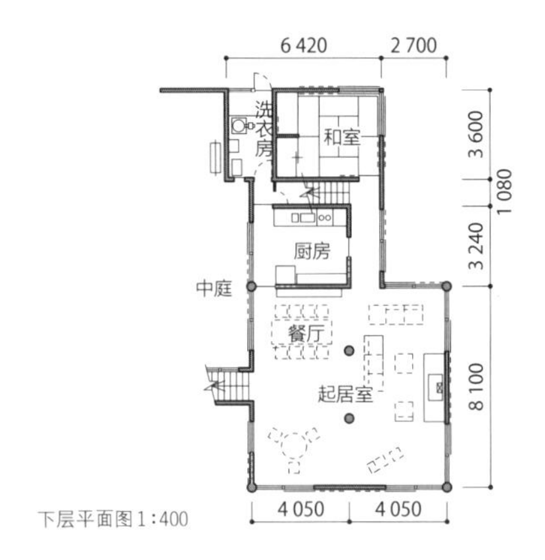

下层平面图1:400

当初父亲和友人同时在这片被树木覆盖的陡峭山地上建造2栋住宅,他们计划建造一处上部的住宅和一处隐藏在道路下方森林里的住宅。虽然父亲想要隐藏在森林中的那栋住宅,但是又不能不考虑友人的想法。所幸友人选择了视野和采光兼具的上方住宅,而父亲也如愿住进了树木环绕的住宅。

——石井智子(石井修之女,美建设计事务所)

照片:虽然因为周围树木环绕而很少有直射的阳光,但是却营造出恰好舒适的空间环境
(材料提供:美建设计事务所 摄影:多比良敏雄)

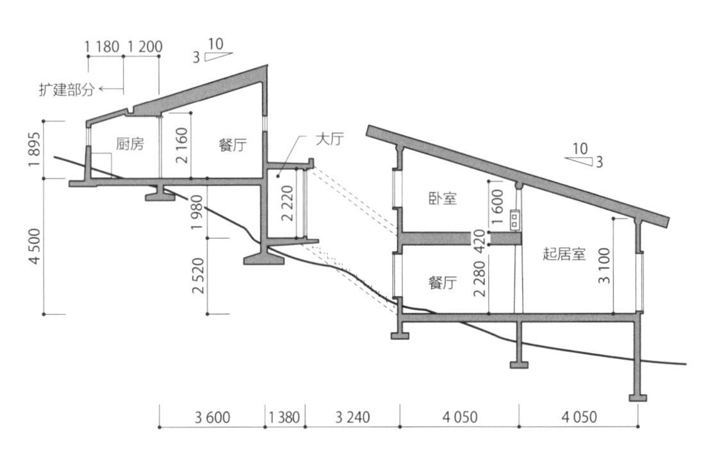
1 180
1 200
10
3
扩建部分
1 895
厨房
2 160
餐厅
大厅
2 220
1 980
4 500
2 520
10
3
卧室
1 600
420
起居室
3 100
餐厅
2 280
3 600
1 380
3 240
4 050
4 050

剖面图 1:250

藤本昌也

Fujimoto Masaya

（1937—）1960年毕业于早稻田大学理工学部建筑学科。同大学硕士毕业后就职于大高建筑设计事务所。1972年设立现代计划研究所。历任山口大学工学部感性设计工学科教授、日本建筑师协会联合会会长等。现在担任会长的现代计划研究所，扎根于地方的集体居住空间和住宅建造，对都市景观的形成做出了贡献。

接地型的低层联排住宅

高度经济成长迎来终结的1970年代后半期，建筑业界也浮现出以地方性和本土性等为主题的集体住宅。规划的规模和内容也从大型化建筑向小型化发展，从高层建筑向低层住宅转变。

“水户六番池团地”采用钢筋混凝土墙面结构建成，3层楼的建筑从1号楼到7号楼连成变形的五边形，容纳共计90户住户。通过入住户的调查问卷，藤本昌也等人又设计建设了茨城县的会神原团地和三反田团地等。藤本昌也于70年代前期在大高正人旗下以“街区营造的集体住宅”为题，设计建造了广岛基町高层住宅，后来的低层集体住宅依然继承了这样的主题。

“水户六番池团地”担当着低层集体住宅热潮的先导角色，使得人们对于公营住宅“面向低收入人群的廉价结构”这一印象得以改观。从那以后集体住宅的设计也扎根于地方特性，考虑社区营造的设计也逐渐成为了主流。藤本昌也因此获得了日本建筑学会的业绩类奖。

◆ 水户六番池团地 [1976年]

结构：钢筋混凝土结构3层｜施工：西山建设公司、常春藤建设、濑谷建设公司

布局图1:1 500

3楼平面图1:250

1975年住宅在“保量到保质”的潮流中，茨城县开始尝试未曾有过的低层公营住宅的建设。这种设计和以往统一的中层公营住宅建设完全不同，充分考虑了和地方街区以及生活的融合度。各层住户的开放阳台、巷子式的入口楼梯、当地生产的瓦片屋顶围绕着大小适中的中庭等，充满魅力的设计如今依然受到很高的评价。

——藤本昌也

照片：灵活运动自然地形的起伏建造围绕中庭的建筑物。宽广的庭院、瓦片屋顶等均富有特征

（照片提供：现代计划研究所）

黑 泽 隆

Kurosawa Takashi

(1941—2014)1971年毕业于日本大学研究生部。1973年设立黑泽隆研究室。在开展设计活动的同时也致力于评论和教育事业。以对近代家族形象的批判为出发点，设计了注重个人房间之间的集约化住宅。黑泽隆敏锐的观察力对于家庭和住宅的关系提出了新的疑问，并对其后的都市住宅也产生了深远的影响。

个人房间集约式住宅的登场

黑泽隆从对于近代建筑和近代住宅的关注点出发，对单个起居室多个卧室的近代住宅提出了疑问，形成了与夫妇一体理论相对抗，以互相独立的夫妇关系为轴心的独特住宅理论。为了使“个人房间集约式住宅”(以个人而不是家庭为单位的住宅设计理论)能够成立，必须要以能够安心托付自己的子女的成长型区域社会为前提。黑泽隆的思考甚至进入到了人类学和灵长类学的程度。最初实现的住宅作品就是“武田先生的家”(1970年)，然而严格意义上的个人房间集约式住宅初次登场应该是“星川方盒”作品。

个人用居住单位直接分成两层，共用放置在1楼的各类设施。包括热水、洗衣、储藏用冰箱、待客用的准备房间以及卫生间。与70年代后半期进入市场的单间公寓相比，有各项研究结果所建议的2.4 m×8.1 m的平面大小以及有没有各类设施的区别。

黑泽隆独特又先驱的思想成为了尊重个人性的90年代建筑的基础。

◆ 星川方盒 [1977年]

结构：钢筋混凝土2层 | 施工：东英建设

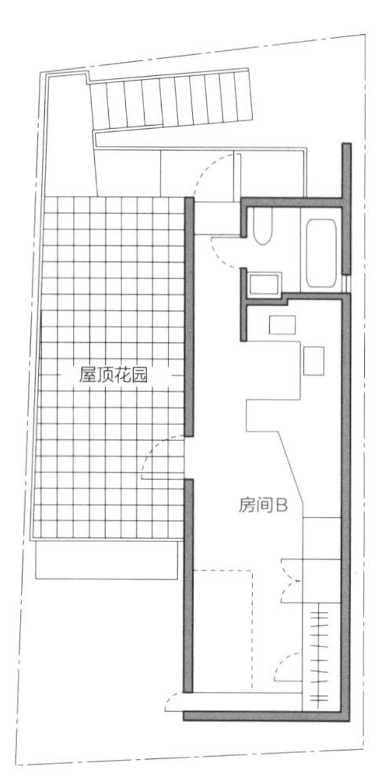

2楼平面图1:150

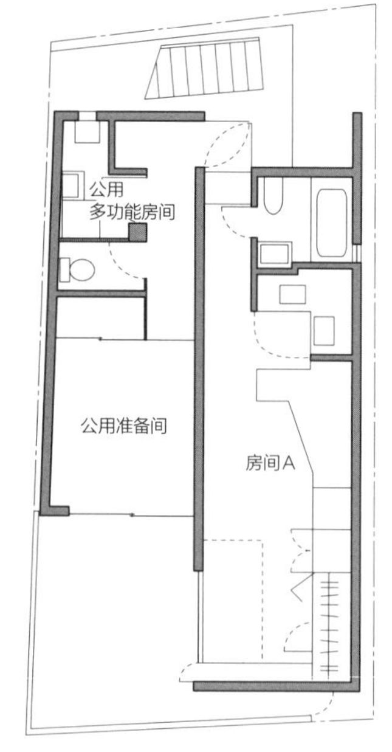

1楼平面图1:150

《建筑知识》1996年7月刊的特辑《挑战性的住宅》卷首登载了黑泽隆和山本理显的对话。关于“家庭论”这个话题，黑泽隆一边以山本理显的建筑为例，一边切入了自己的建筑思想。他自述和山本理显仅以家庭为单位建造住宅的想法存在着矛盾。

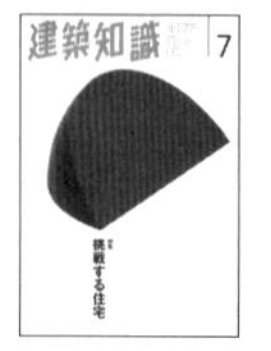

照片上：66平方米的土地上建造的，居住空间两层层叠的住宅。剩下的空间用来建造共用设施
下：个人房间A。半岛形突出的多用途桌面以及搭配制作的墙面收纳
(摄影：奥水进)

20
世纪
70
年代

1967年，黑泽隆发布的书籍《个人房间群体住宅——崩溃中的近代家庭制与建筑课题》，提出了以“个人”为单位的“个人房间群体住宅”住宅设计理论。而后山本理显也把对于家庭和住宅结构理论化地反映在了自己的设计中。对于近代住居中的“家庭”问题，黑泽隆和山本理显展开了下列谈话。

家族論

对话：山本理显与黑泽隆
再看“家庭论”（1996年7月刊）

◀山本理显（Yamamoto Riken）

1945年出生于北京。1968年毕业于日本大学理工学部建筑学科。1971年东京艺术大学美术研究科研究生毕业。1971~73年在东京大学生产技术研究所原研究室读研究生。1973年成立山本理显设计工场。主要作品有“山川山庄”（77年）、“GAZEBO”（1986年）、“若月宅”（1989年）、“熊本县营保田洼第一团地”（1991年）、“冈山住宅”（1992年）等，著作有《现代建筑/空间和方法23 山本理显》（同朋舍出版）、《细胞都市》（INAX）、《住宅论》（住宅图书馆出版局）等多册。

黑泽隆（Kurosawa Takashi）▶

1941年出生于东京都。1971年日本大学研究生毕业后，于1973年设立黑泽隆研究室。主要作品有“赤泽山庄”（1974年）、“COIN · QUI · SONNE”（1987年）、“1/4圆　弧 KOH”（88年）、“LAKE LODGE”（1995年）等。著作有《住宅的逆说》（列奥纳多的飞机出版会）、《黯淡下去的近代建筑》（彰国社）、《近代=时代中的住宅》（Media Factory）等。

黑泽　山本先生在很多地方都会写下草稿，但是往往却不写上结论（笑）。

今天正好就想问一下这个问题，比如你曾经写过“考虑住宅的事情不以家庭为切入点本身就很奇怪”这样的话。作为其延续，假设我们在思考家庭聚合体即集体住宅的时候，就不得不考虑家庭在现在还能不能聚合起来。然而要怎么做却没有说。

山本　不，我会说的。而且我自己心里其实非常清楚。只是希望不要误解一点，我说家庭的时候，指的是一个非常重要的共同体。也并没有写过不能聚合之类的说法。

黑泽　当然，我也认为确实没有这样写过。

山本　现在的家庭结构在一定程度上不能说是非常完善的结构。即便是作为现在社会的组成系统来说也不完善。然而我觉得现在各式各样的问题主要来源于这个共同体出现问题之后要怎么办。比如说离婚、一方死亡、祖父母搬入一同生活等，这些人们面对的都是和理想的现代化生活完全不一样的状态。而这些人所占据的百分比也在逐渐升高中。

黑泽　我也是这样想的。

山本　所以我想的就是在这时候针对现在的家庭或者住宅的思考方式是不是足够这样的问题。

黑泽　是说适应于现代化家庭的建筑模式是否同样适用于非现代化家庭这样的问题吗?

山本　是这样一回事。我觉得这应该挺难解决的吧。

现代家庭是以某一种自给自足性质为前提组成的，而非现代化家庭的居住方式不就是说在某一些地方丢失了这种自给自足的特性么?

黑泽　这是家庭的自给自足特性吗?

山本　我觉得这也是一种社区单位，称为家庭的社区单位或者称为居住单位、生活单位也可以。

黑泽　总之简单来说，就是有缺憾的家庭是没有完整的家庭那样自给自足特性的吧。

山本　是的。有缺憾和有过剩都会造成这样的结果。单纯一点来说的话，有缺憾的家庭和有过剩的家庭，比如说必须要把孩子寄养在什么地方或者有身体不方便的祖父母的家庭，就必须要依靠外界帮助了。这时候就会产生这些问题。就现在来说，我觉得这样的家庭是大多数吧。

黑泽　独自生活的人呢，完全不考虑吗?

山本　是说自己一个人生活的人吗? 那基本没有考虑过。一个人就能把自己的事情都做好的人随便怎么住都可以的。没有比现在给单身居住选择来的更多的时代了。

接着刚才的话题，也就是说理想情况下身体健康的父母和孩子两三人所组建的家庭是可以完全没问题地过下去。对于这样的家庭没有从外界给予“这样生活也不错”想法的必要。

而我要说的，和现在多数家庭达不到这样的状态并没有关系，而是为什么一定要描绘出这样一种“理想化的家庭”来的问题。在思考某种生活居住单位的时候，为什么一直会想到这种现代化的家庭来。

黑泽　能再具体解释一下吗?

山本　也就是说，虽然我们一直把这当作理想化的生活来考虑，但是在同一个平面上不是也有很多其他的选择么。理想化的家族形象也就是一夫一妻和几个孩子，大家相亲相爱，孩子活泼健康的感觉。和这样的形象稍有偏差就称为有缺陷、有过剩的家庭我觉得是不合适的。

我觉得每个家庭有其不同的居住单位构成方式。比如说只有一个孩子和母亲的家庭，那也是一个居住单位，要在这个前提下再去思考什么是必要的。

这样一来在不同意义层面上也一定要存在共同性。要假设在更大的层面上有一个能包含这样的居住单位的共同体存在，这个话题才能继续下去。

黑泽　确实是这样一回事。

山本　我就想要去思考这样一个大的包含性的共同问题。而我的意见是，创作集体住宅就是一个绝好的机会。

黑泽　也就是说公营住宅正是思考这样一个问题的情况。

山本　是的。

黑泽　作为思考的结果，就有了例如保田洼团地这样的地方吧（照片 1）。

山本　虽然不能说是全面完美地解决问题，但是作为对共同性这个问题的机理却做出了空间结构方面解答的一种方法吧。

照片1　熊本县营保田洼第一团地。楼的中间设立公共场所

横河健

Yokogawa Ken

(1948—)1972年毕业于日本大学艺术学部美术学科。在黑川雅之建筑设计事务所就职，后于1982年设立横河设计工房。2001年开始任日本大学理工学部建筑学科教授。以限定空间和领域问题作为自己的建筑课题持续发表作品。

从景观到家具

创造性的建筑指的并不是新的形态，而是有创造性的空间。横河健从一开始就对包裹着自身的各种空间有着强烈的意识。

“隧道住宅”是横河健29岁时的实质性登台作品，从动态的结构构成到扶手的细节都达到了很高的完成度。东西向两块墙面形成9 m跨度，使用关节板形成隧道状的结构体。

1楼是卧室等私人空间，2楼是一个大单间，45°斜向放置了一个包含厨房在内各种大型家具的“环具”方形模块(※)。环具中包含了生活必需的制冷制暖、音响、电视、电话、照明灯设施。45°斜向摆放形成的三个区域分别是客厅前室、客厅和用餐场所，连续的三个区域以及朝着庭院形成的开放感营造出了一个充满魅力的单间空间。1楼则针对生活变化的需要经过多次扩建改修而来。

横河健的建筑魅力在于从景观到家具都能让人感受到建筑的想象力，以及近乎奢华的感性美。

◆ 隧道住宅 [1978年]

结构：钢筋混凝土2楼 | 施工：中野组

10 900

9 400

起居室

大厅

阳台

阳台

厨房

仓库

餐厅

N

2楼平面图1:200

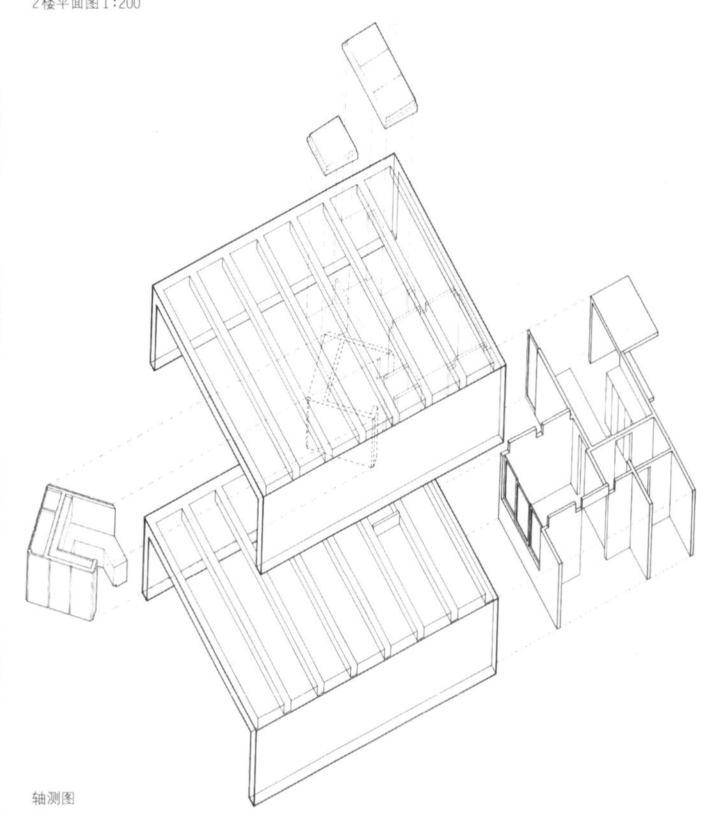

轴测图

※：1楼是结构内部不断变化的累积(结构框体内的扩建和改修)，2楼空间35年间没有变化过。

照片上：南北向敞开的隧道状结构

下：从结构上分离开，中央位置放置的设备装置(环具)和单纯的结构对比形成强烈的存在感

[摄影(上)：新建筑社写真部　材料提供(下)：横河设计工房]

山本长水

Yamamoto Hisami

(1936—)1959年日本大学工学部建筑学科毕业后，进入市浦都市开发建筑咨询所就职。1966年设立山本长水建筑设计事务所。长年创作使用当地产出的优质素材并由当地匠人亲手打造的、迎合现代生活感觉的“土佐派之家”。作为高知市都市美学顾问，给出了诸如大规模建筑物等与都市美观相关的设计建议。

扎根地方的住宅建筑

“土佐派之家”是以高知县建筑设计监理协会为活动主体的建筑师们所提出的地方主义建筑，同时也是这些建筑师们进行活动的总称。由建筑史学家村松贞次郎博士命名。组织活动从1995年就开始持续开展了。在津野町的公营“船户团地”17栋楼计划中，年轻的成员们共同约好各自担任其中一栋的设计，此事也就成了组织形成的契机。其后成员们设计了多处木结构住宅等，以振兴地方和木结构建筑为轴心开展活动。立足于当地的环境并重视流传下来的传统建筑手法，以高知传统住宅特有的熏制栈瓦的斜坡屋顶、土佐灰泥和杉木板的外墙、使用土墙和杉木材料的内部装修等为特征。其中一种就是被称为“100 mm方棒建造法”的组合梁施工方法。只使用高知县产的造林树种，并采用当地的技术加工成105 mm的正方棒材。不仅能够获得相当高的强度，作为外形加工材料也能获得很好的效果。柱、梁、地床等结构体直接外露，包围住居住空间。

◆ 西野邸 [1978年]

结构：木结构2层｜施工：勇建设公司

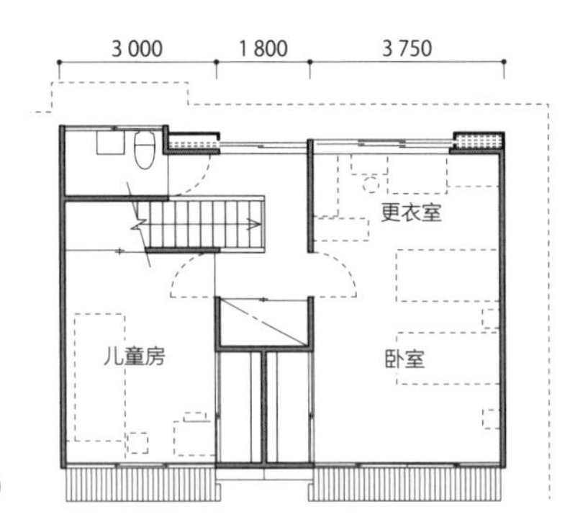

2楼平面图1:200

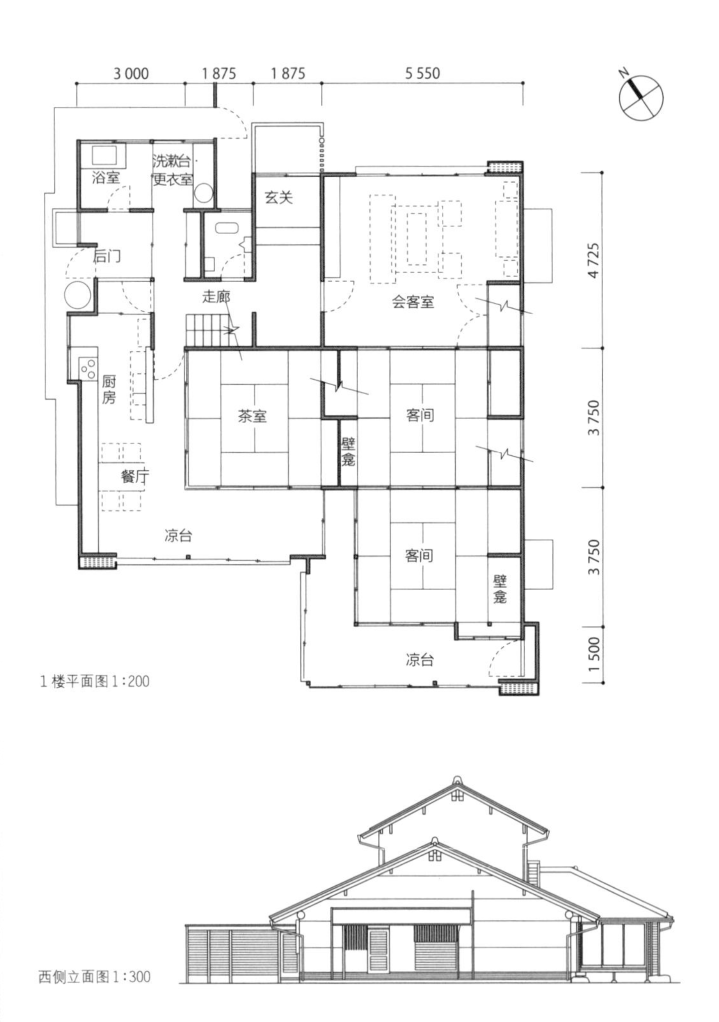

1楼平面图1:200

西侧立面图1:300

35年之前承接了西野邸的设计工作，其后就一直被使用至今。6年前又承接了这家长大的儿子的家庭住宅，就设计在原来住宅的边上。新家也和原来的一样，采用间隔砍伐的造林树种桧木材料、土佐灰泥、土佐和纸来建造。虽然是同样材料，但是经过30年稍微可以看到一些进化的影子。

——山本长水

接待室

北侧外观

从外侧回廊看客厅

从客厅看外侧回廊

……香长平野(高中县中央部)的农家接客部分的设计为基础，把落后于时代的多余装饰物都舍去并简化，用土佐的天然桧木加工出来。西面的一半和二楼所谓日常生活的部分，建造为供家庭生活用。在农家的榻榻米房间和平地房间关系的基础上，把椅子座位部分高度下降到比榻榻米地面高度低240 mm的位置，从而调整了两者的视线高度。相当于平地的部分也是能看到立柱的墙面结构设计，都是为了达到细节和内装纯净化的目的。日常生活用的部分木材都采用了当地产出的造林桧木，有意识地保留了木节的部分，和丝绸的和服相映成趣。而且这种桧木相比在正式场合的房间用的桧木，成本只有二十分之一到十分之一的价格，将来也可以不用担心资源枯竭而大量使用。配合当地产的“土佐灰泥”，可以让这份美感进一步升华到更高的程度。我觉得这样精益求精的手法，正是在和当下印刷制品一般的建筑价格相对抗，并生存下去的战略中必不可缺的。

这个住宅中木材是非常重要的材料，采用了从承包部分中分离出，由户主自己采购交付的方式。住宅中住着40多岁的户主和夫人以及三个孩子。户主的父亲对建筑也非常地关心……

自1981年1月刊《扎根地方的住宅建筑》

20世纪80年代

时代概括

环境意识的高涨

能源和环境

1979年石油危机之后，建筑界对于能源问题的关注也高涨起来。住宅领域里，活用自然能源的被动式太阳能住宅和节能住宅的开发也起步了。吉村顺三门下的奥村昭雄开发了名为“OM太阳能系统”的被动式太阳能系统，他的后辈**野泽正光**等人的团体以及**小玉祐一郎**等人也在积极进行研究开发工作。然而有幸躲过石油危机的日本经济来到80年代后半期时，资产价值脱离实体，整个社会开始讴歌膨胀的泡沫化现象形成的虚假繁荣，能源问题反而就渐渐没人关心了。

另一方面80年代同时也是主张环境意识融入住宅建造以及环境共生住宅这一名称出现的时候。从1983年开始的日本建设省[注]的HOPE计划（地方住宅计划），促成了很多具有地方特征的住宅建设。比如活跃在高知县的土佐派、设计了秋田县营团地和富山上平村立乐雪住宅等的三井所清典等。以老化之类的原因需要拆除的旧民宅进行现代化改造等为主题，不断尝试民宅再生设计的**降幡广信**也备受关注。

都市型住宅的变化

都市型住宅也涌现出了新的动向。在“中野本町之家”（1976年）中给出封闭式管道空间提案的**伊东丰雄**，在附近的自宅“Silver Hut”（1984年）中通过中庭的方式来营造出开放性的居住空间。通过临时搭建风格的氛围营造出充满漂浮感的居住观感。**山本理显**陆续发表了设计在混合用途大楼顶上的都市型住宅“GAZEBO”（1986年）和“ROTUNDA”（1987年）等，其后又设计了多个家庭一同生活的“HAMLET”（1988年），向基于“单家庭单住宅”的近代住宅观念提出了疑问。同时受到大学的前辈黑泽隆开展的活动的影响，1993年总结自己思考成果发表了《住居论》。通过独栋住宅到集体住宅广泛的设计活动，不断进行着超越了象征近代家庭形象和近代住宅的一厅多卧设计的尝试。

[注]：相当于我国建设部。

照片4

照片5

照片6

照片4
为了缩小面积，活用2楼屋顶内侧以及中间房间，拆除了内侧两个角落。为此还切断了梁并去除

照片5
把乌黑的梁处理干净后显露出了原来的材质，并且焕发出新的光彩

照片6
一部分柱子下端切短了15 cm，安装上基座。然后又对柱和梁做了加工

对盖板屋顶旧民宅“原栋原造”的再生改造工事。
再生后还可以继续住100年。
降幡广信的工作使得旧民宅的真正价值在现代熠熠生辉并延续下去。——1984年6月刊

从过往的《建筑知识》杂志看

建筑历史

20世纪80年代

环境意识的高涨

本稿登载作品　建筑历史中发生的事情

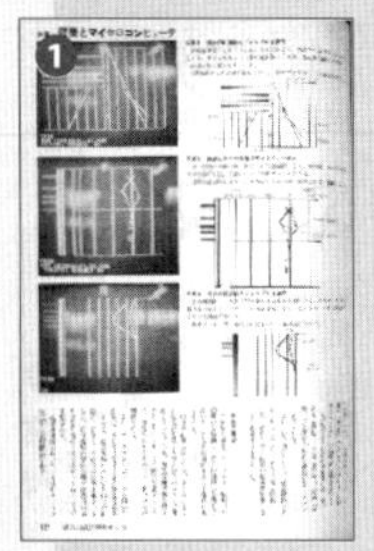
1980年6月刊《建筑和微型计算机》

计算机带来的可能性

当时计算机开始广泛普及。这个特集中介绍了计算机如何进入建筑业务行业。当时还没有“个人电脑”的叫法 ——❶

特辑《建筑和微型计算机》(6月刊)

混合结构的潜力

混合结构与单一结构相比历史尚浅，没有标准化的设计手法和指南，以4个设计师的8个作品为例作了介绍 ——❸

特辑《我的混合住宅设计方法》(9月刊)

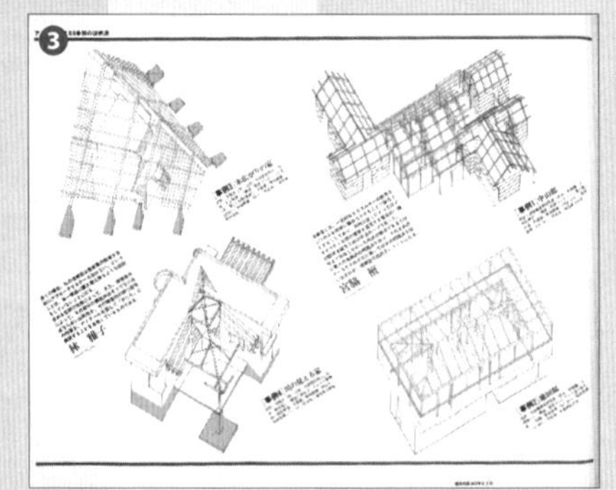
1983年9月刊《我的混合住宅设计方法》

1980年

- **制定住宅的节能基准**(旧节能基准)

1981年

- **《建筑基准法实行令》修正**(移到《新抗震设计法》中)
  修正抗震基准，增加了对地震力条款中动态力方面的部分。按两级设定地震力，分两个阶段进行抗震设计

1982年

- **新日本饭店火灾**
- **降幡广信“草间邸”**

1983年

1984年

- **都市中心的一室户公寓规定问题过热**
- **伊东丰雄“银色小屋”**
- **小玉祐一郎“筑波之家”**

学校建筑没有抑扬顿挫?

教育方法的变化带来了学校建筑建造中思考方式的变化，这期对这种思考方式做了介绍 ——❷

特辑《今后的学校建筑》(10月刊)

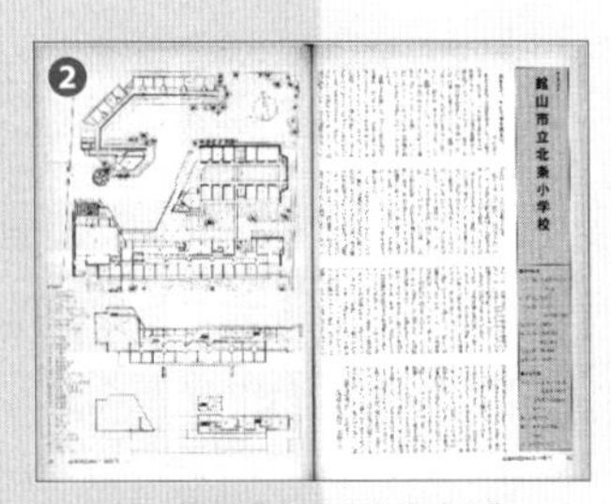
1981年10月刊《今后的学校建筑》

幼儿园也是一个家

这个特集以一所幼儿园为例，从规划到竣工甚至育儿实践部分都记录了下来。虽然经过频繁商讨才推进了设计进程，但对育儿实践中浮现出来的问题的原因却得到了明确的答案

特辑《幼儿园档案》(5月刊)

生活和物品的空间斗争

消费热潮高涨带来的物品泛滥使得收纳空间不足的问题尤为突出——在这样的现状来思考收纳的问题

特辑《关于收纳的思考》(11月刊)

老龄化社会的建筑

建筑这一“器皿”应当以什么样的形式来应付老龄化的社会？这个特集尝试着从老人的生活行为到细节进行了探讨

特辑《面向老人的居住环境》(9月刊)

1986年3月刊《我的“清水混凝土板”设计方法》

设计事务所的生存竞争

当时的建筑设计界空前繁荣，对于开发商的逆转攻势设计事务所要如何生存下来呢。这个特集中对未来的设计事务所形象做了一番探讨

特辑《设计事务所将何去何从》(12月刊)

清水混凝土板如何制造

介绍了这个时代不少见的清水混凝土板的代表建筑家的作品，在分析其手法的同时介绍了制造这些板材的现场工作——❹

特辑《我的“清水混凝土板”设计方法》(3月刊)

高品味，低价格

在设备和内部装修明显过剩的住宅成为典型的时候，这期特集从住宅中最必要的部分出发，介绍了4位设计师迎合户主生活方式来设计住宅的手法

特辑《甩掉住宅的赘肉吧！》(8月刊)

1985年　1986年　1987年　1988年　1989年

1987年

- **《建筑基准法》修正**
  在准防火地区可以建造3层楼的住宅了
- **泡沫经济过热**
- **日本建筑家协会(JIA)成立**

1988年

- **山本理显“HAMLET”**

1989年

- **昭和天皇驾崩**
- **《土地基本法》成立**
  规定了土地政策的基本方向。①公共福利优先，②适当并有计划地使用，③抑制投机交易，④与收益相符的负担，这样四条原则为主要支柱
- **引入消费税**(税率3%)
- **通产省(相当于国际贸易部)、环境厅、东京都开展对石棉材料的对策**

而立之年的社会人

30出头，生活和个人空间都备受期待的年轻人生活方式也逐渐趋向固定。这个时候应该要解决一些什么问题，这个特集对即将跨入30岁和已经跨入30岁的年轻人做出了引导

特辑《而立之年的学识》(4月刊)

不断传颂的著名企划

池边阳、清家清、广濑镰二、增泽洵4个设计师在50年代建造的著名住宅通过采访来回顾的企划案——❺

特辑《住宅的“50年代”》(1月刊)

特辑《住宅的「50年代」》

逐渐多样化的小规模综合楼

就伴随着都市功能的变化而增加的小规模综合楼中所包含的问题，对新人做了一番解说

特辑《效果莫综合楼的要点》(4月刊)

如何用好法令用语

以《建筑基准法》为中心抽选出30个建筑法令关键词。对其意义和问题点做出了简明易懂的解说

特辑《必须知道的30个建筑法令用语》(6月刊)

降幡广信

Furihata Hironobu

(1929—)1951年毕业于青山学院专业学校建筑科。1963年设立降幡建筑设计事务所。兼任信州大学工学部社会开发工学科建筑学课程讲师。20世纪80年代开始着手进行多处民宅和货栈的改造工作。1990年凭借民宅再生的业绩获得日本建筑学会奖。

以旧民宅再生的定式为目标

1982年的时候，人们旧民宅一般都不做修缮直接废弃。降幡广信最初看到的“草间邸”，是屋顶破裂严重漏雨无从着手的状态。“草间邸”是一处松本市的民宅，大约建于250年前，150年前进行过扩建和改建。这也是降幡广信初次尝试旧民宅再生工作。

他的工作中最吸引人的地方在于大胆地缩减多余的面积。草间邸中受到西边日照的1楼西南侧小房间以及2楼和屋顶都被整块去除，这样从南侧就可以获得比较好的采光了。

下水设施等都更换成了最新的物品并集中在北侧，立柱基本上都更换成了新材料，家具则最大限度利用了原有的部分。旧材料使用碱性苏打水清洗掉污垢，新材料则刷上油渍使得新旧材料看上去没有太大的区别。残破不堪的瓦片屋顶更换成铁板屋顶，得以再现原来长板屋顶的风味。降幡广信打破了旧民宅之类不能成为现代化生活居所的成见，也以民宅再生工事给出了一种拯救日本传统文化的方法的思路。

◆ 草间邸 [1982年]

结构：木结构2层 | 施工：山共建设

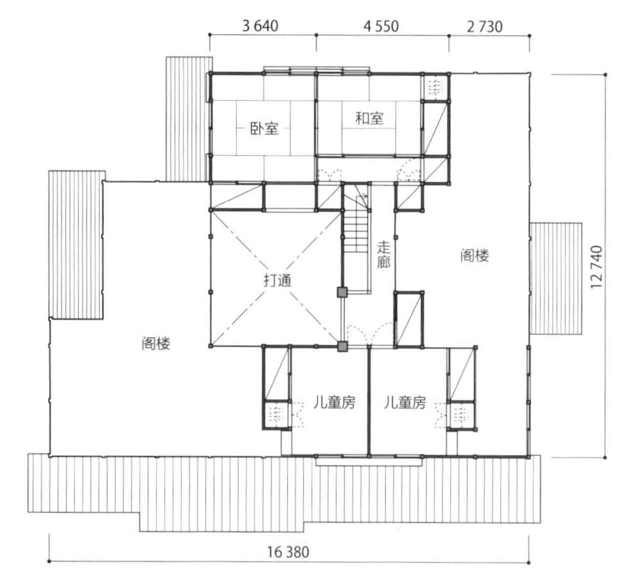

2楼平面图 1:250

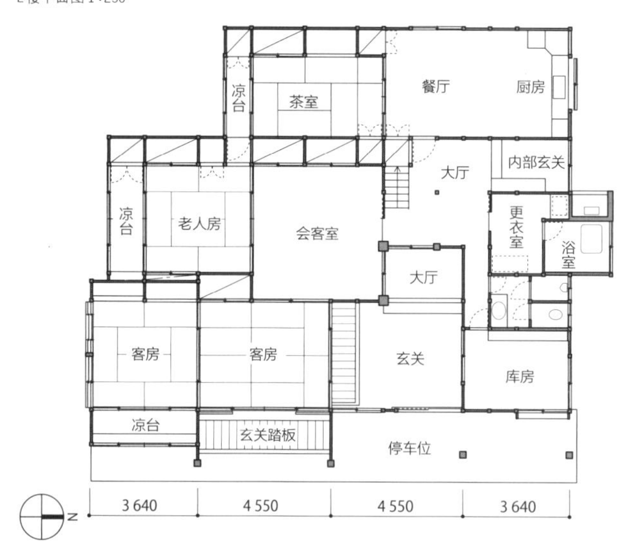

1楼平面图 1:250

承蒙多方协助，再生工事才得以完成。关野克先生(建筑师，对文化遗产多有贡献)曾经鼓励我说：“也许这个方法可以给建筑界打开一扇新的门。因而门前的道路是非常必要的，前面没有路的门最后不得不在尝试阶段就停滞不前。请加油开出一条新的道路来。”

——降幡广信

照片上：正面外观参照当初建造时的式样原栋原造，内部则以适合居住的“现代的日本民宅”为目标
下：新造出来的会客间，从屋顶采光
(摄影：秋山实)

伊东丰雄

Ito Toyo

(1941—)1965年东京大学工学部建筑学科毕业后在菊竹清训设计事务所任职。1971年设立Urban Robot(1979年改称伊东丰雄建筑设计事务所)。主要作品有“仙台媒体中心”(2001)等。获得过日本建筑学会作品奖(1986年、2003年)、威尼斯双年展金狮奖(2002年生涯业绩类奖、2012年作为日本馆专员获奖)、英国皇家建筑师协会(RIBA)皇家金质奖(2006年)、普利兹克奖(2013年)等。

实体性弱化的临时住居

20世纪80年代,伊东丰雄专注于如风般轻快且充满动感的变形体形态的建筑,去除建筑形式的重压感,追求使人心旷神怡的空间营造。

“银色小屋”(※)是伊东丰雄位于住宅密集地区的自宅。以半外部的中庭为中心,卧室、功能房间、厨房、餐厅、起居室、和室以及书房聚集成一个据点式样的住宅。各个空间内采用独立的钢筋混凝土立柱,上端使用7根大小不一的铁骨框架支撑拱顶屋顶。使用管材和冲压金属板使得住宅整体上有种临时搭建的感觉,营造出轻快而开放的空间感。

这个作品依附于“风”的观念,是追求强调形态建筑的伊东丰雄自己思考的具象化,什么才是自然的,什么又是原始的。代表了飘摇的80年代的“银色小屋”的隔壁,也是伊东丰雄设计的混凝土墙围绕的封闭管状住宅“中野本町之家”(1976年)。

◆ 银色小屋 [1984年]

结构:钢筋混凝土+钢骨结构2层|施工:BAU建设

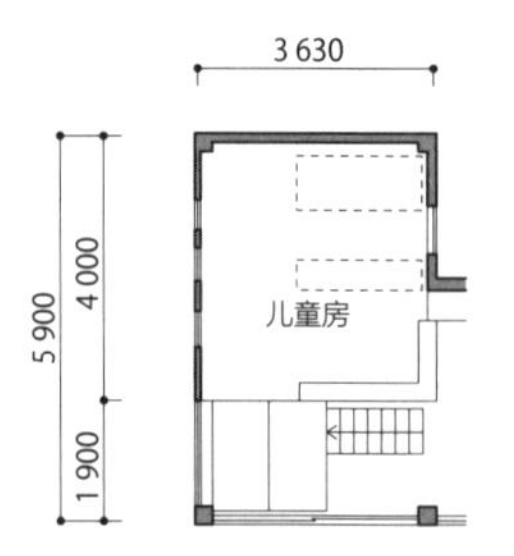

2楼平面图1:250

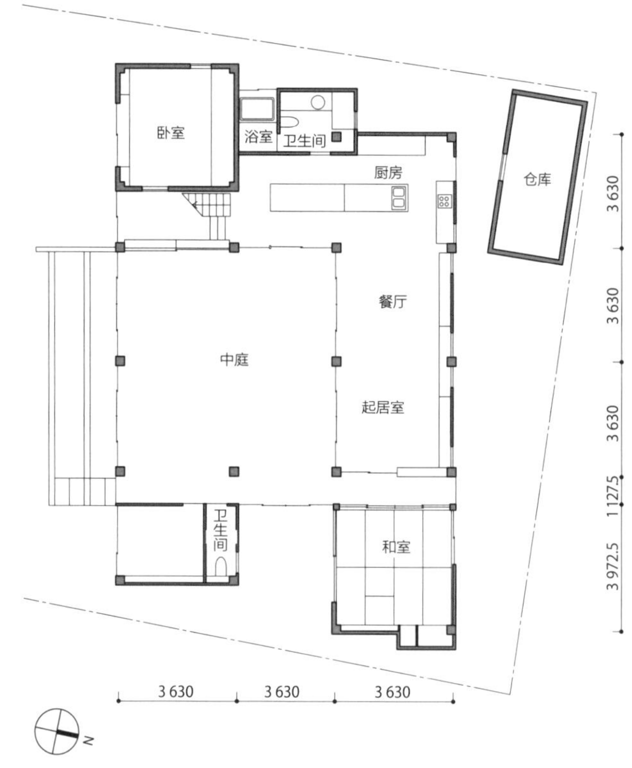

1楼平面图1:250

《建筑知识》1984年11月刊的特辑《木结构外墙材料手册》中,精选了伊东丰雄的“中央林间之家”就柔性版材料做了解说。“要避免在任何建筑上使用诸如过于质朴、过重、太过尖锐,或者素材本身存在感过剩的材料,以及避免会有这样问题的使用方法”,他曾这样描述过。

※:“银色小屋”近年被拆除了,作为“今治市伊东丰雄建筑博物馆”重建了起来。

照片:假设有轻巧的拱顶的中庭和房间连接形成整体的建筑空间
(摄影上:新建筑社写真部　下:大桥富夫)

小玉祐一郎

Kodama Yuichiro

（1946—）1969年毕业于东京工业大学建筑学科。1976年在同大学取得博士学位。1978年开始陆续担任日本建设省建筑研究所主任研究员、室长、部长职务。神户艺术工科大学教授。以“被动式“这一关键词为中心开展研究和设计活动。凭借”高知的本山町之家“获得2005年日本优良设计大奖（建筑·环境设计类）。

被动式太阳能住宅的原型

作为被动式住宅设计研究第一人的小玉祐一郎，在自己的住宅上反映了其在日本建设省建筑研究所（当时）对被动式太阳能研究的成果。被动式太阳能是指不仅仅依赖机械式的冷暖气，也通过太阳光和通风等自然能源来驱动空调机的方式。

冬天的时候，从南侧的落地窗可以采集白天的日光，建筑墙面采用填充隔热玻璃棉的混凝土并张贴瓷砖的方式来蓄热。这样一来通过夜间释放的热量，可以在凌晨室外温度冰点以下的情况下也保证室内有14℃左右。南侧的客厅上部打通，保证冬季有最大的采光量。

夏季通过从地面气窗进气、高处气窗排气的方式来换气，夜晚就能够降低室内温度。南侧种植的凌霄花和移门也可以用来遮蔽直射的日光，保持室内凉爽。仅用被动式太阳能的实验住宅来描述根本不足以表达这个住宅与自然共生的设计理念。

现在对于能源利用越来越重视了，“筑波之家”也再一次进入到人们的视野之中。

◆ 筑波之家 [1984年]

结构：钢筋混凝土墙面结构3层

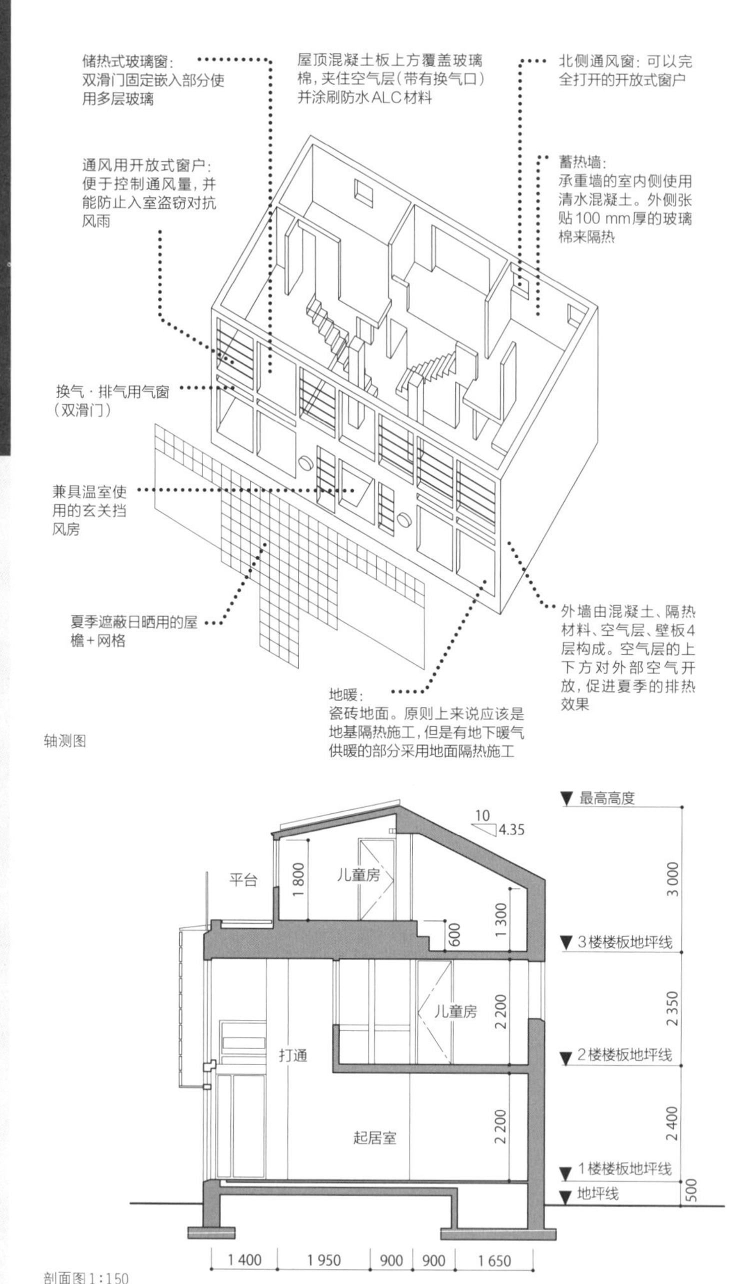

储热式玻璃窗：双滑门固定嵌入部分使用多层玻璃
屋顶混凝土板上方覆盖玻璃棉，夹住空气层（带有换气口）并涂刷防水ALC材料
北侧通风窗：可以完全打开的开放式窗户
通风用开放式窗户：便于控制通风量，并能防止入室盗窃对抗风雨
蓄热墙：承重墙的室内侧使用清水混凝土。外侧张贴100 mm厚的玻璃棉来隔热
换气·排气用气窗（双滑门）
兼具温室使用的玄关挡风房
夏季遮蔽日晒用的屋檐+网格
外墙由混凝土、隔热材料、空气层、壁板4层构成。空气层的上下方对外部空气开放，促进夏季的排热效果
地暖：瓷砖地面。原则上来说应该是地基隔热施工，但是有地下暖气供暖的部分采用地面隔热施工
最高高度
10
4.35
平台
1 800
儿童房
1 300
600
3 000
3楼楼板地坪线
儿童房
2 200
2 350
打通
2楼楼板地坪线
起居室
2 200
2 400
1楼楼板地坪线
地坪线
500
1 400
1 950
900
900
1 650

轴测图

剖面图1:150

《建筑知识》1978年11月刊的特辑《节能住宅规划》中，当时在日本建设省建筑研究所工作的小玉祐一郎，从环境控制的历史谈到了适合日本环境的空间构造方法，对当时的建筑和省能源问题提出了被动式构造方法的提案。

建築知識

照片：向着南侧的窗户可以高效采集太阳光热
（摄影：栗原宏光）

山本理显

Yamamoto Riken

（1945—）1967年毕业于日本大学理工学部建筑学科。1971年东京艺术大学美术研究科建筑学专业研究生毕业。1973年设立山本理显设计工场。日本大学研究院特任教授。有志于作为人们交流场合的建筑设计，通过建筑来表现公共和私有的关系。

单住宅多家庭的实践

山本理显一边在阐述战后的住宅史，另一边不断发表极其重要的作品。以聚落调查得出的“Roof”概念为基础设计了自宅——多用途大楼“GAZEBO”（1986年），因其对都市型住宅的思考方式引起较大反响。“葛饰之家”（1992年）和“冈山之家”（1992年）等对近代家族形象提出了疑问，并提示了新的住宅论方向。其还有诸多聚集了不少话题的集体住宅作品，作品范围相当广泛。

“HAMLET”在钢制框架顶上覆盖有大型塑料膜，下面是各个房间。住户由年龄层跨越3代、共4个家庭的个人、夫妇、小家庭以及大家庭等不同单位构成。山本理显以“家庭上方有更高级别的单位”为前提设计住宅，其后结合“阈论”的思考方式设计了“熊本县营保田洼团地”，在集体住宅的历史上留下重要一笔。

在曾经缓和的私有地相连关系不断崩坏的现在，专为集中居住的生活方式设计的“HAMLET”成为了质疑“单住宅单家庭”这种近代住宅原则的契机。住宅对外部又拥有封闭性，这种保护住户隐私的封闭性的思路也把“对人的关怀”的理念带入了建筑界。

◆ HAMLET［1988年］

结构：钢筋铁骨结构＋钢架结构4层｜施工：中野组

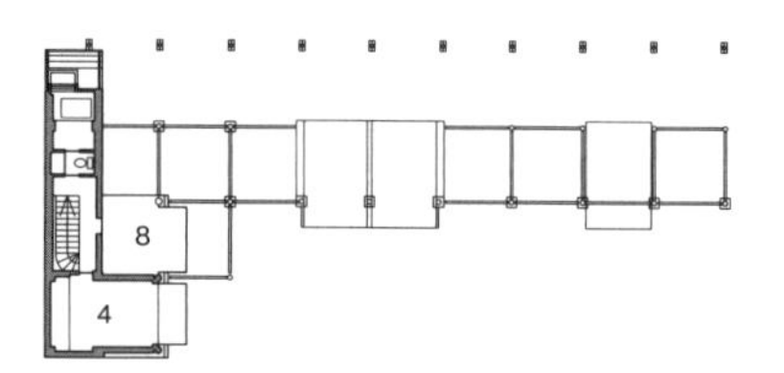

4楼平面图 1:600

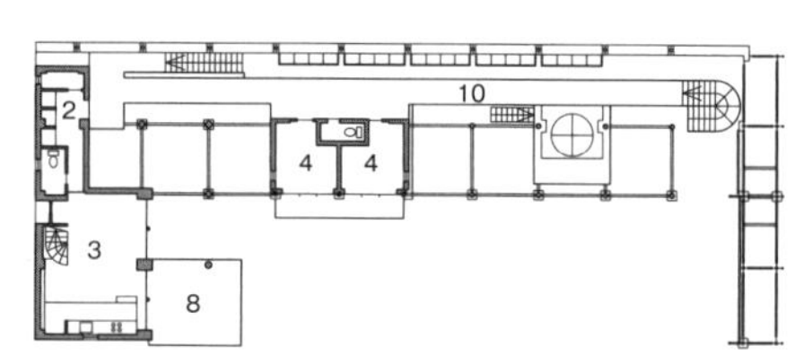

3楼平面图 1:600

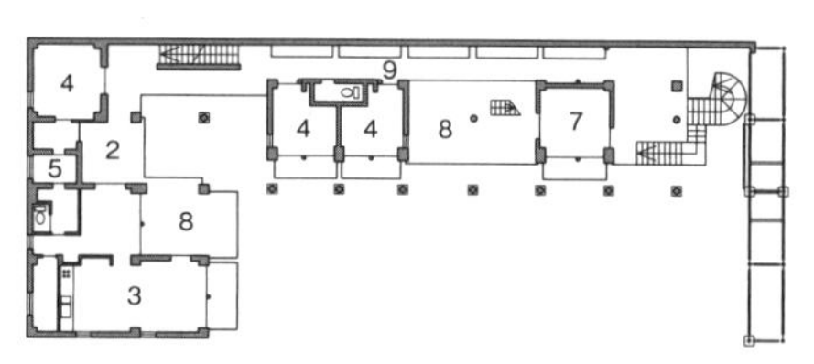

2楼平面图 1:600

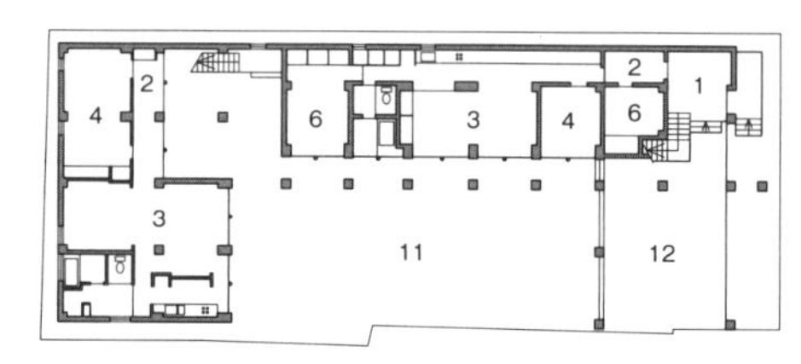

1楼平面图 1:600

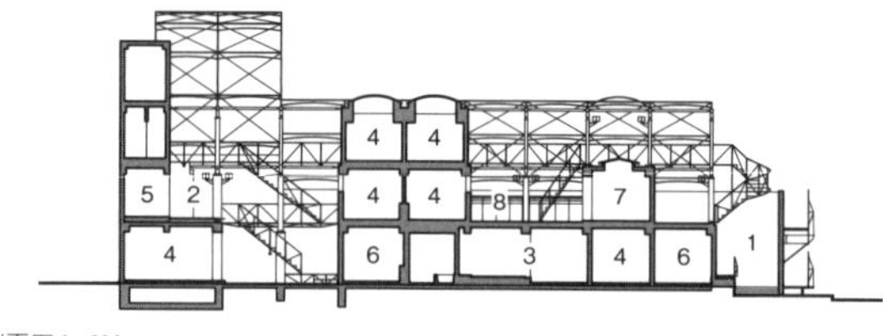

剖面图 1:600

《建筑知识》1988年12月刊的特辑《入门“订制术”》中，介绍了山本理显设计工场的实际案例。以塑料材料的使用方式为焦点探讨了使用素材可以达到的新的表现性。

1：前方庭院；2：玄关；3：家庭房间；4：个人房间；5：工作室；6：储藏间；7：沙龙；8：平台；9：室外走廊；10：桥；11：庭院；12：停车场

照片：所有的住户都通过外部走廊连接，架设有帐篷质感的大屋顶
［材料提供（上）：山本理显设计工场　摄影（下）：大野繁］

以地区为据点，进行与当地密切相关设计的设计师们，是怎样开展活动的呢？我们将追随24年前6位设计师的身影，来听听他们的声音。有个设计师因为“东京变得无趣了”而回到了家乡，结果发现家乡也和东京没什么大区别，失去了地方特征。要说有什么的话，也就是观光景点的商品有点特色而已了。

interview

超越「地区」的幻想（1989年3月刊）

绪方理一郎
Riichiro OGATA

1941 出生于熊本市
66 毕业于日本大学理工学部建筑科
72 开设绪方理一郎建筑研究所
73 主持“人类的都市——熊本”展
79 主持熊本高迪展
82 开办7个住宅作品展
83 杜塞尔多夫日本周建筑展出展

——您是因为什么契机在这里开设事务所的呢？

绪方　我是在东京就读大学的，原本应该就留在东京的设计事务所工作了，但是放假回来的时候正好书店老板来拜托我对房子进行一下扩建改造。本来想要把这个工作带回东京的事务所去做，顺便以带回业务的名义和所长谈一些关于改善待遇的事情。但是最后没有如愿，好吧那就算了我一个人来做好了（笑）。然后就在熊本开设了事务所。

——如果没有书店老板的事情就不回来了吗？

绪方　嗯……应该还是会回来的吧。这里朋友很多啊，要说居住成本低吧，或者说是这里比较适合居住吧。

回来大概是72年的事情，正好赶上东京发生变化的时候。比如变得无趣了之类的。对我们来说，以前那是每天都像有庙会的时代，有各种各样的社会运动比如反战运动什么的……总之非常有趣的。

——然后就放弃了东京……

绪方　事务所里面也有同事说着“那我就去巴西了”或者“我要不要回老家呢”然后就离开的。

——那时候主要做的都是什么工作呢？

绪方　还是住宅比较多吧，但是道路规划和店铺也是又多又杂。一边要做水俣病考证馆的改建工作，一边还有“熊本艺术城市”计划中的团地改建工作，为了这个工作的各种商谈现在一直都在东京和熊本两地之间奔走。

——在这些工作中，有没有什么熊本地方特性浓厚的作品吗？

绪方　要怎么说呢，地方性这个东西，一点儿都没有吧。

——比如说，材料或气候方面的……

绪方　当地取材也不是没有，只是质量都不太好。因此基本上都是使用外地的材料。比如说这里夏天很热然后会有好多次集中的大暴雨，但我们不能说这些收集起来就是当地特色对吧。环境不是关键，和中央地区相比经济力量薄弱，经济才决定了现代化程度对吧。

撇开这个不说，现在到哪里其实问题本质都是一样的。而且信息载体现在这么发达，一件事情大家马上就都知道了。只是信息不是什么有实感的东西，总感觉比人之间直接交流来得差了那么些。

建筑也是，以前建筑通常都是作为硬件来讨论的，现在就变成介于硬件和软件之间的存在了吧。和印象混淆在一起就不知道到底本质是什么了。

——是说变得幻想化了吗？

绪方　不只是东京地区人际关系变得淡薄了，熊本也一样的。基本上来说大家都没有在人际交往这件事上下功夫的心思。现在觉得烦的人可能还更多一点。生活感受本来已经很淡薄了，更难说要维持下去了。我曾想过生活的本质到底是什么，但是已经找不到这个本质在哪了。不如说，已经没有什么本质了。所以说地域性也好地区性也好都已经消失不见了。实际上，要说地区性有些什么的话，往周围找找看也找不到能称得上是的东西了。相反地作为商品的地区性的东西倒是特别多啊。

熊本市内上大道的支路上零星分布着矮屋顶的小商店

——那么放到工作中来说的话是怎么样一回事呢？

熊本市内的中心街道“上大道”的支路上有很多商店、住宅、绿化等，形状和色彩各异的新型商务楼、专卖店和公寓等却都是最近建造的。普通的民宅对面就是住宅和专卖店、饭店等混合使用的综合大楼（右）。木结构住宅的背后就是和商铺合用的色彩斑斓的公寓大楼（左）

绪方　人吉是一个山里的温泉地带，我当初参与了那里的商店街街道规划，作为一个观光地区，最初讨论的时候相比效仿仓敷那样改造反而是效仿银座啊涩谷之类的更加多一点。我当时是极力反对的。更别说人吉风格这种说法就很奇怪了。还不如行走的时候危险少一点的马路、照明完善晚上也完全之类的，绿化搞好一点、累了就有长凳可以休息之类，这样的更重要一点吧。

所以说，地区型这种东西也就是表现的时候可以有，其他时候我觉得还是不要考虑为好。最近冒出来的各种说自己有地区特性或者说有人性的，虽然有点矛盾的感觉，但我觉得不如说是一刀一刀把这些不必要的花哨的地方削掉之后，留下来的部分才是所谓有这种特性的了。

对于人际关系也是，我最近开始觉得还是不要太常见面比较好了。能用电话和传真解决的话就这么解决，实在不行再见面，这样可能反而会感受到人与人之间的温暖存在呢。

——在进行住宅设计的时候，对于人际关系有什么感想吗?

绪方　我做的不只是住宅方面了，要说我这里的话我和客户是比较日常的关系。比如“我这有个宴会，你来吗”这样的。这大概就是跟大都市不一样的地方。所以说工作、职业、作品之类就成为让人际关系活化并联系起来的媒介了吧。从结果来看住宅这方面也是我的生活圈子之一，还不到“作品”这个程度。当然我其实是想做一些那种能登载在杂志上的“作品”的。

而且我的工作还包括大学讲师，这还是非常有趣的。

——是教建筑学科吗?

绪方　在县立女子大学教住居学课程。课堂倒是意外得活跃，还出了在市内的上大道商店街支路增设咖啡的规划这样的课题。学生们自己去测量实际用地、制作模型，提出了很多有个性的想法。春假的时候课堂研究的成果也在实际用地附近的啤酒吧里向街区的人们发表展示了。这么说起来，和街区的人们打交道这也是我的生活圈子的一部分。只是做这个项目的班级有 75% 的学生来自外地，各地区的大学里也基本上没有地区型这个说法了。

住居学课程的教学情景。春假的时候在社区进行发表展示（照片提供方：作者）

20世纪90年代

时代概括

泡沫破裂和居住意识的改变

从公团到民间

1990年泡沫经济崩溃以后，日本经济进入了慢性衰退的时代。这个时期住宅的工业化生产尚在进行中，住宅建设所需要的材料和部件基本上全都已经工业制品化了。**岸和郎**的“日本桥之家”（1992年）位于大阪旧城区，店铺和住宅共用一个建筑，全部采用工业制品建成。**难波和彦**的“箱之家”系列也是工业化和商品化思想的住宅，评价不错且长期畅销。

再来看集体住宅方面，日本住宅公团在20世纪80年代迎来了使命的终点，集体住宅的建造开始向私营开发商为中心转移。在都市型住宅的软硬件两方面也有许多建筑师参与并提出方案、进行实验。熊本县发端的建筑师参与的公营住宅也是一例。80年代的HOPE计划（地区住宅计划）为契机开展的地区型住房以及日本建设省的“中高层住宅计划”中所选拔出来的大型承包商、钢铁制造厂、地方承包商、开发商、预制部件制造商等，都积极参与到了开发研究中来。其中值得一提的有大阪燃气作为公司住宅提案的实验性集体住宅“NEXT21”（1993年）。其中有节能、省资源、环境共生、骨架填充以及软件方面的提案等，包含了许多与现代住居密切相关的提案。

追求可持续性设计

90年代地球环境问题逐渐浮出水面，这也是全世界开始关注能源问题的时代。其结果是业界对于节能化和长使用寿命为主题的可持续性设计的追求。而这个动向在2000年以后也成了一个很大的课题。在工业化和规格化急速发展的同时，与之针锋相对而备受建筑界以及民众瞩目的，是以建筑史学家和建筑师的身份开展设计活动的**藤森照信**的自然派建筑。文艺杂志《EUREKA》曾针对其出过一些珍贵的特集。自然素材和手工质感虽然作为其最重要的魅力所在，但其创作态度本身即是对现代建筑猛烈的批判。

结构设计讲座
简单易懂
新·木结构入门
第7回

“兵库县南部地震”
紧急报告

木结构建筑扛不过大地震吗

死亡人数超过5 000人通称“阪神大地震”的大灾害中，大量木结构住宅整栋崩塌，倒塌的木制家具又引发了大火灾。经过了这样的事实经历，很多人就会有“木结构建筑扛不过大地震”的印象了。然而，事实上在受灾严重的地方也有些木结构建筑基本上没有发生什么损坏。那么怎么样的木结构建筑才扛不过地震，又应该怎么加强呢？能不能防止受到第二次损害呢？基于现场调查的分析结果就在这篇紧急报告中。

稻山正弘（稻山建筑设计事务所）

对兵库县南部地震的印象

这次兵库县南部地震的受灾情况令我非常震撼。地震当天上午电视里播放的受灾地影像对于一直在做建筑结构专业研究开发和设计的我来说，这一幕幕从眼前飞过的景象简直是不能相信甚至不想去相信的。从钢筋混凝土立柱基座断开翻转过来的高速公路、中间楼层被挤得粉碎的钢筋混凝土办公楼、瓦片屋顶下不成样子的木结构住宅，还有因为水管网络破坏严重没法灭火的大火灾现场等。在自然灾害的威力面前，第一次感觉到我们所建造的建筑物和各种系统简直就如同半成品一样不堪一击。

地震之后10天我进到了受灾现场，给我的印象首先是灾害情况这么严重，但只有5 000人遇难简直可以说是奇迹，而当地人的生活异常艰辛，甚至还处在危险的状况中。

受灾地区需要专业人员

在受灾地来回走动的一天里，我和几个当地人交谈了一下，他们委托我看一下自己住宅的受损程度以及危险程度，我尽可能给出简单的状况诊断和补救增强措施的建议。静冈县和神奈川县的危险度应急判定师就在当地奔走的事情当地人也知道，但是实际上受损的房屋实在太多了他们也忙不过来。

不想在其他地方比如避难所之类的地方过艰苦生活，就算有点危险也要在自己家里才能睡得安稳的人们也都回到了自己受损的住宅里继续生活。施工公司也开始往受损情况较小的住宅里拉新的电线了。我还遇到过一个因为近畿电力公司不给拉电所以只能留在避难所抱怨的老太太。在避难所里受伤的人和残障的老人已经需要很多人照顾了，所以许多健康的受灾居民即便知道有危险还是选择回到自己家里自力更生。

这样的房屋有很多从结构上来看是处在非常危险的状态的，因而木结构方面的专家给出的诊断和补救增强方法等的建议现在是重中之重。现场也有很多建筑承包公司的结构技术人员以及大学的研究人员等在忙碌，他们的兴趣主要集中在高速公路和商务楼等大型的土木与建筑方面的受损调查上，明确说起来，对于受灾地的居民一点用都没有。

实际到现场勘查过住宅受损情况，并且和受灾地居民能有机会交流之后，我感觉到相比结构力学上的受损原因调查、抗震设计基准的重新考量之类，结构方面的专家现在最应该做的是在防止受灾房屋出现二次损害上做一些实际的介绍工作。

1995年1月17日，发生在近畿地区里氏7.2级的直下型地震造成了从未有过的大面积损害。
价值观也受到大幅震荡的建筑业界开始对强抗震建筑展开了研究。——1995年3月刊

从过往的《建筑知识》杂志看

建筑历史

20世纪90年代

泡沫破裂和居住意识的改变

本稿登载作品　建筑历史中发生的事情

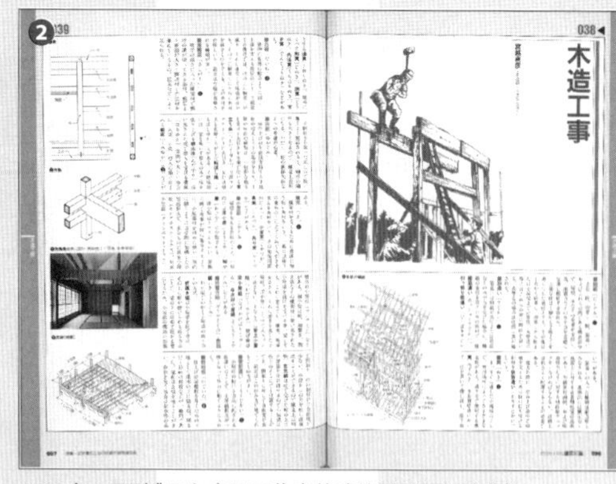
1993年1月刊《面向实际工作者的建筑现场用语辞典》

一起来体验施工现场

从现场分包商和从业人员经常使用的词语开始，以施工类别精选了一些难懂的专业用语。配以丰富的图标和照片资料来做解说——❷

特辑《面向实际工作者的建筑现场用语辞典》(1月刊)

Jw-cad详细解说

个人电脑开始普及的90年代初期，制图也CAD化了。这一期就对Jw－cad做了解说。"软盘Jw－cad实用版"首次在建筑专业杂志作为附录附赠

特辑《着手使用CAD制图》(6月刊)

1990年

- **《消防法实行令》修正**
  灭火喷水器安装基准的强化

1991年

- **新奠基住宅约17万户**

1992年

- **《建筑基准法》修正**
  可以在防火地区、准防火地区以外建造符合一定技术标准的木结构住宅和共同住宅了
- **《大规模零售店铺法》**(《大店法》)**修正**
- **《土地房屋租赁法》修正**
- **住宅节能基准修正**(新节能基准)

- 野泽正光"相模原的住宅"
- 岸和郎"日本桥之家"
- 坂本一成"Common City Hoshida"

1993年

- **北海道西南冲地震(日本气象厅烈度等级6级，里氏7.8级)**
- 内田祥哉等"实验性集体住宅NEXT21"

1994年

- **《建筑基准法》修正**(住宅地下室的容积得到了缓和)
- **为方便老年人、促进身体不便者等可以方便使用的特定建筑物的相关法律**(爱心建筑法)**实行**
- 秋山东一"VOLKS HAUS A"

和风用语完全网罗！

对于和式风格中，木材种类和粉刷表面的质感等难懂的专业用语做出解说

特辑《材料1结构・接口・定制加工・成本　和风完全用语辞典》(6月刊)

会场设计必备

以可用于演出、音乐、展示等的会场为中心，从软件设计到地面、屋顶、照明、音响等设计上的要点做了详细解说——❶

特辑《多功能会场空间ABC》(2月刊)

建造金属屋顶

对设计师必须知道的金属屋顶施工方法选择条件，以及使用的要点等做出了解说，并介绍了钣金工匠的工作

特辑《设计师必备的金属屋顶设计方法》(9月刊)

1990年2月刊《多功能会场ABC》

兵库县南部地震带来的冲击

1月17日，对袭击了近畿地区的兵库县南部地区做了2个月的连载特集。对地震造成的巨大灾害和传统木结构住宅的抗震性能做了一番讨论——❸

紧急企划《兵库县南部地震造成的建筑物损坏》(3月刊)
《座谈会：兵库县南部地震和传统木结构住宅》(4月刊)

1995年3月刊《兵库县南部地震造成的建筑物损坏》

功能性植栽推荐

在独栋别墅住宅的入口、集体住宅外部结构整体部分等，应该种植一些什么植物呢。以全彩的方式对植栽种植手法做了详细介绍——❹

特辑《植栽妙法91则》(3月刊)

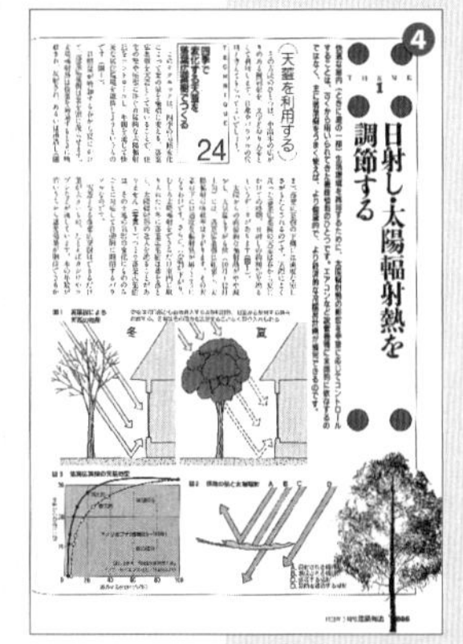
日射し・太陽輻射熱を調節する

24

1996年3月刊《植栽妙法91则》

1995年

- **兵库县南部地震**(日本气象厅烈度等级7级，里氏7.3级)
- **地铁沙林毒气事件**
- **《建筑基准法》修正**
  大量对金属结合配件等的使用推荐
- **促进建筑物抗震改造相关法律**(《抗震改造促进法》)**实行**
  以对不能满足新抗震基准的建筑物进行积极诊断，并进行抗震改造杜绝隐患为目的推行
- **难波和彦"箱体之家001(伊藤邸)"**

1996年

1997年

- **消费税率提升到5%**
- **京都议定书被采纳**
- **藤森照信"韭菜之家"**
- **木原千利"怀风庄"**

1998年

- **长野奥运会开幕**
- **Atelier One "Mini House"**

1999年

- **《环境影响评估法》实行**
- **住宅节能基准修正**(次时代节能基准)

茶道屋住宅的世界

从木材分隔的尺寸体系到材料的选择、使用方法等设计茶道屋所需要的"功夫"做了详细解说——❺

特辑《向西方工匠学习茶道屋的建造方法》(6月刊)

森赋男の数寄屋 南禅寺の館

1998年6月刊《向西方工匠学习茶道屋的建造方法》

野泽正光

Nozawa Masamitsu

(1944—)1969年东京艺术大学美术学部建筑科毕业后，于1970年进入大高建筑事务所工作。1974年设立野泽正光建筑工房。任武藏野美术大学客座教授。长年致力于被动式设计，活跃在与环境共生的建筑领域。代表作有“阿品土谷医院”(1987年)“岩村和朗绘本之丘美术馆”(1998年)“立川市政大楼”(2010年)等。主要著作有《被动式住宅，零耗能住宅》(农文协)、《住宅构成的皮、骨和机械》(农文协)等。

树木、工业制品和太阳热能

OM太阳能(空气式太阳热能系统)的前身“Solar Lab”时代就已经开始进行OM太阳能系统的开发了。野泽正光经常思考太阳能的利用、建筑和环境设备之间的关系等问题，是与环境共生的建筑领域的第一人。OM太阳是建筑师奥村昭雄提出的想法，其后经过各种改良后现在作为利用太阳光能源的被动式太阳能系统之一得到广泛地普及。

“相模原的住宅”是野泽正光自己的住宅。为了不破坏原有的树木，住宅以“匚”字形建造，南北两栋的屋顶上安装有OM太阳能设备。住宅本身为钢架结构，只有蓄热用的地下室采用钢筋混凝土结构。建造材料则积极地采用了各种工业制品、太阳、自然(树木)和人工制品间的复杂关系营造出一种奇妙的魅力。

这个作品本身没有被OM太阳能系统所束缚，而是继续追求着建筑上可以达到的新的可能性。

◆ 相模原的住宅 [1992年]

结构：钢架结构+部分钢筋混凝土地下1层和地上2层 | 施工：圆建设

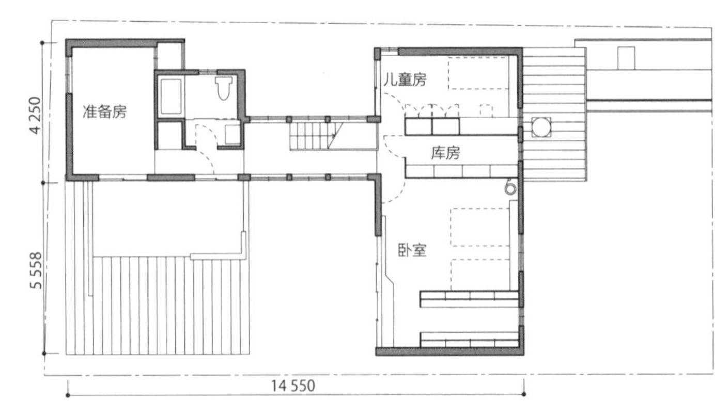

2楼平面图 1:250

1楼平面图 1:250

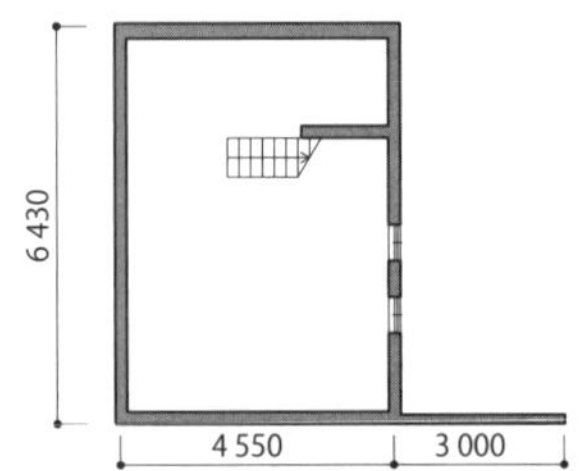

地下室平面图 1:250

作为《建筑知识》300期纪念刊的1983年7月刊特辑《设计精神的原点》中，野泽正光先生给予了很多的帮助。该企划对20世纪50年代战后建筑做了总结，也是承前启后的关键点。在89年1月刊的特辑《住宅的“50年代”》中，野泽正光也对清家清进行了访谈。

照片上：在屋顶上安设有OM太阳能系统

下：拆除部分房间天花板，更换成方便维护的帆布材料

(摄影：藤塚光政)

岸　和　郎

Kishi Waro

(1950—)1973年毕业于京都大学工学部电气工学科。1975年毕业于同大学工学部建筑学科、1978年研究生毕业。1981年设立岸和郎建筑设计事务所。京都大学教授。1996年凭借“日本桥之家”获得日本建筑学会奖。1990年代设计了许多钢架结构的作品。

工业制品营造的单色世界

远离地面的喧嚣将生活空间建在最上层,并且这里也是最贴近自然的地方。岸和郎是这样描述“日本桥之家”的主题的。

这栋纵向细长的楼宽2.5 m、深13 m、高14.05 m,一共4层,采用了钢架结构。此建筑提案采用了钢架和工业制品建造在大阪旧城区的狭小地块里,也是大阪排屋的传统在现代的复苏。

结构部分全部外露,半透明的玻璃幕墙结构使外观轻巧明快,在夜间柔美的灯光也能照亮周围。面向道路设置的楼梯间可以作为嘈杂的道路与住宅部分之间的缓冲带。1楼到3楼的屋顶高度都正好卡在法定高度限度内,4楼则是屋顶高6 m的餐厅。纵深13 m中三分之二是室内空间,三分之一则是室外的平台。

“日本桥之家”这样采用比较容易获取的工业制品组合而成的建筑后来也成了都市住宅的一种形式。

◆ 日本桥之家 [1992年]

结构: 钢架结构4层 | 施工: 大种建设公司

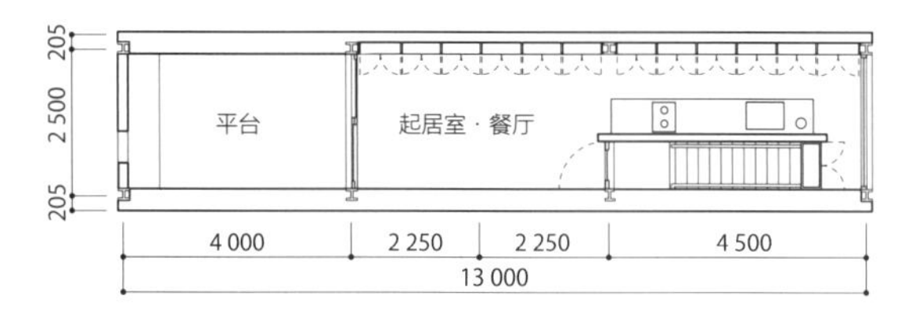

4楼平面图 1:200

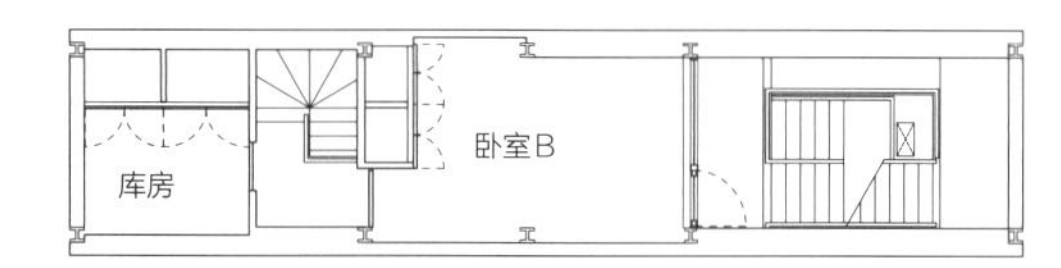

3楼平面图 1:200

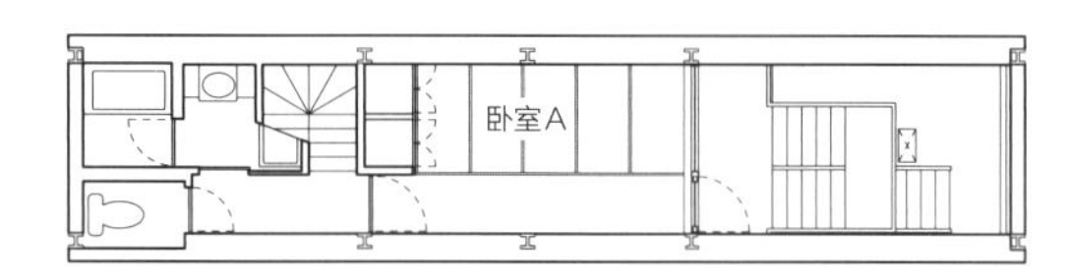

2楼平面图 1:200

1楼平面图 1:200

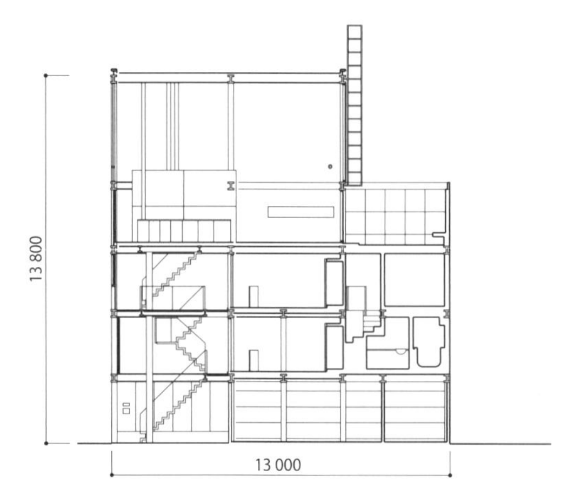

剖面图 1:300

照片:虽然建筑宽度狭窄,但是纵深和高度空间非常充足
(摄影:平井广行)

カラー即日仕上・3分間写真撮影
FUJICOLOR

坂本一成

Sakamoto Kazunari

(1943—)1966年毕业于东京工业大学建筑学科。大学时代师从清家清、筱原一男。东京工业大学名誉教授。Atelier And I坂本一成研究室监理人。70年代后半期开始以“户型”为关键词发表了诸多小斜坡人字屋顶为特征的住宅作品。以作品“Common City Hoshida”获得村野藤吾奖。

坡面连接的户型住宅

坂本一成以东京工业大学为据点，以教授和建筑师的身份开展研究实践活动。并以此为基础对新的建筑形象和住宅印象发起挑战，他的方法论因其思想和精度的高度而备受建筑界瞩目。

“Common City Hoshida”是一个把建筑结构原理以都市尺度展开的作品，并在大阪府所赞助的竞赛中当选。包含112户分售住宅和集会室的建筑群建在向北平缓倾斜的2.6 hm^2土地上。

灵活运用地形进行边坡施工分散在斜坡上排布各住户，再用道路、绿化和人工水源等围起来。连接集会场所和中央广场等的中央绿化步行街以对角线状贯通整个住宅群，再分成通往各住户的小路。住宅类型共有50种之多。住宅1楼兼具挡土墙功能，采用钢筋混凝土结构建造，2楼为了实现轻量化采用了钢架结构，考虑到和邻家之间的关联性还设有专用的庭院。

坂本一成在“Common City Hoshida”中所实践的“街区建筑”给出了一种新的住宅和街区的存在方式以及公共空间的设计方法，这种手法在建筑界以各种变体的形式被广为使用。

◆ Common City Hoshida [1992年]

结构：钢筋混凝土墙面结构+钢架结构2层 | 施工：前田建设工业

布局图1:500

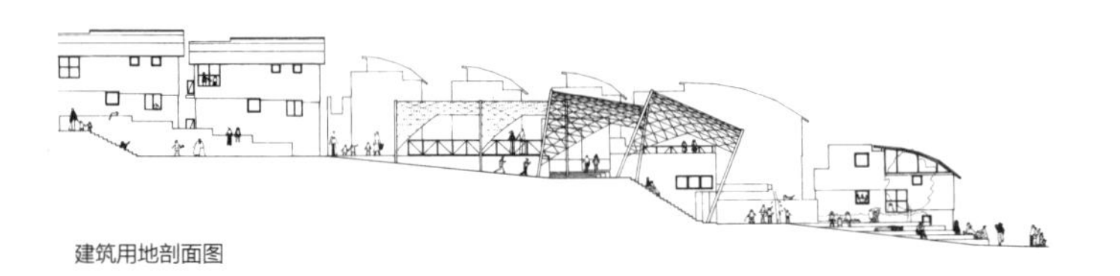

建筑用地剖面图

照片：考虑到街区营造使用了地埋式的电线设计
（材料提供：Atelier And I）

内田祥哉等人

Utida Yoshitika

（1925—）1947年东京帝国大学第一工学部建筑学科毕业后进入日本通信省工作。在电气通信省的工作之后，到日本电信电话公司建筑部任职。东京大学名誉教授。致力于建筑结构方法规划学的确立和普及，对20世纪后半期的建筑生产和建筑学的发展贡献良多。金泽美术工艺大学客座教授、工学院大学特任教授。

骨架填充结构实验性集体住宅

内田祥哉设计了许多兼具模块化协调性和灵活性等的“耐久堪用的建筑”。

这个作品是“富裕的生活和节能与环境保护两全其美”为主题的实验性集体住宅之一。以长使用寿命为目标，结构躯体和内部以及设备分离成2个阶段建造。住宅外墙采用规格化和部件化的方式建造，移动便利并可以重复利用。同时出于环境保护的考虑，试验性地采用了家庭用燃料电池的废热能利用系统，并进行了住宅和自然绿化的共生、厨余垃圾处理系统之类废弃物资源再生化的尝试。

设计方面，以当时在明治大学任教授的内田祥哉为中心，首先由房屋设计师进行骨架的设计。其后再由多名住宅设计师给出针对18种不同生活方式的户型提案。向公众开放体验后，再由大阪燃气公司职员实际居住并收集数据，把分析结果和研究成果发表出来。“NEXT 21”也可以称作是骨架填充设计的先驱作品，先人一步点出了21世纪都市型集体住宅的存在方式。

◆ 实验性集体住宅NEXT 21［1993年］

结构：钢筋混凝土结构＋刚加钢筋混凝土地下1层 · 地上6层｜施工：大林组

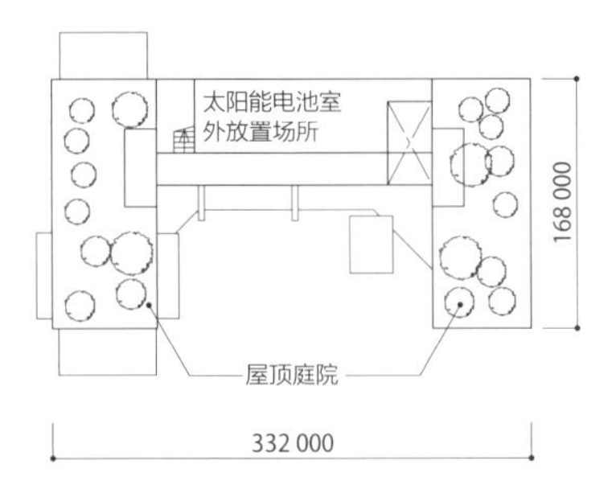

屋顶层平面图1:800

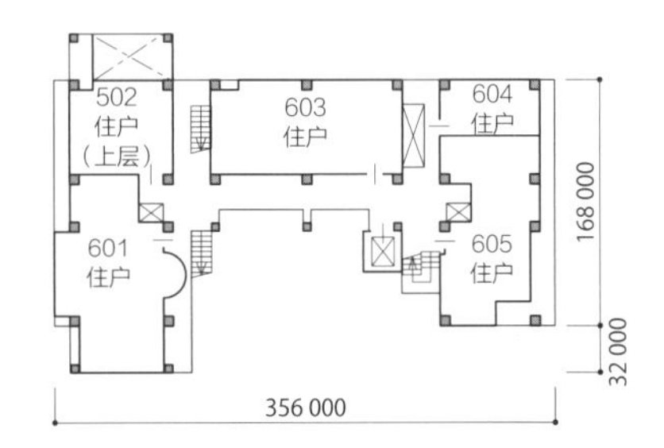

6楼平面图1:800

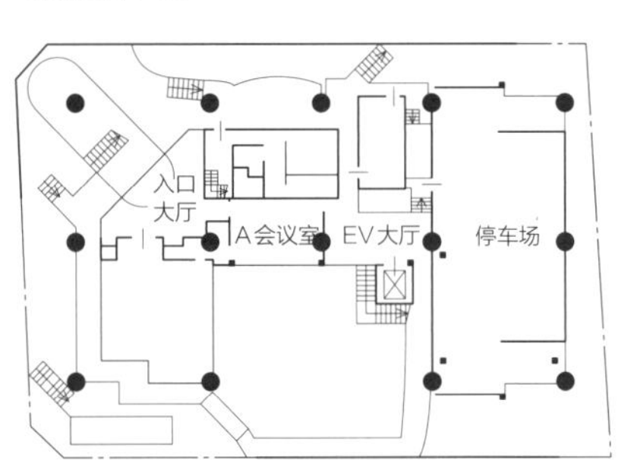

1楼平面图1:800

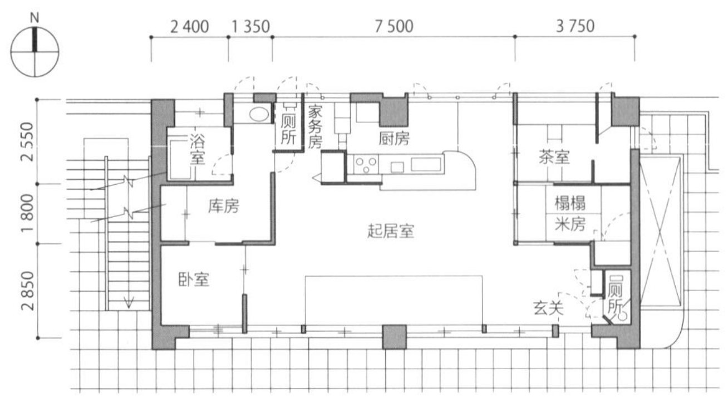

603住户“四季之家”平面图1:250

照片：不仅仅是屋顶，各楼层的平台、中庭、外部结构等都设有植栽。照片是2005年左右拍摄的效果（材料提供：大阪燃气）

秋山东一

Akiyama Toichi

（1942—）1968年毕业于东京艺术大学美术学部建筑科。在东孝光建筑研究所工作之后，于1977年设立了LAND计划研究所（现为LANDship）。OM太阳能协会（现OM太阳能）以及OM研究所设立之时，作为成员之一参与活动。设计了许多OM太阳能方案的住宅。"VOLKS HAUS"（大众住宅）自登场以来在日本各地共建成了3 500栋以上。

木制框架结构铺板施工方法孕育出的新潮流

秋山东一通过与OM太阳能协会共同开发的"VOLKS HAUS"把具有实际价值和合理性的住宅具象化体现了出来。

"VOLKS HAUS"采用了工厂生产部件组装的木制框架结构铺板施工方法。柱梁框架使用白木合成材料、新开发的规格化金属扣具，采用了内部填充隔热材料两面张贴结构胶合板的板材，从而建成抗震性能、密封性能和隔热性能都非常优异的结构墙体。基本尺寸采用1 m模块设计，最大跨度为4 m。楼层高度2.4 m和2.6 m，屋顶斜坡有5寸和10寸坡度两种。用于结构计算所准备的"箱体"和"下屋顶"的组合模块也让人可以进行自由设计。

秋山东一在开发的过程中以工业化和标准化为志向，着眼于设计和生产系统的重要性，并确信住宅建造存在着新的可能性。作为进化型号的"BeH@us"可用于自主建造，并在网上也公开了其部件价格和指南，以及提供了设计辅助工具，照亮了住宅建造方向开放和自由的新航路。

◆ VOLKS HAUS A [1994年]

结构：木结构2层 | 施工：OM太阳能直销

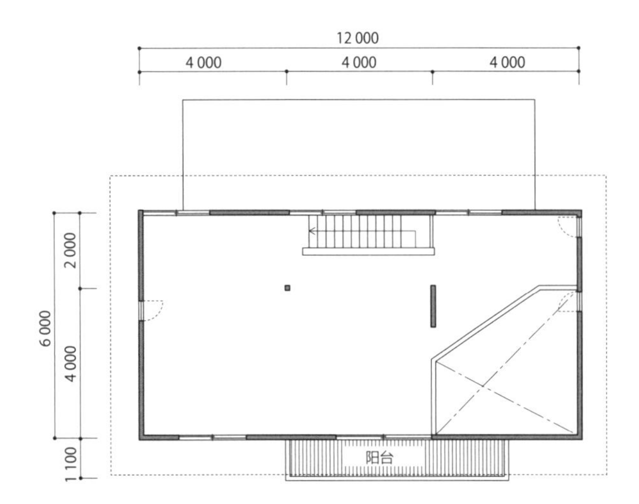

2楼平面图1:200

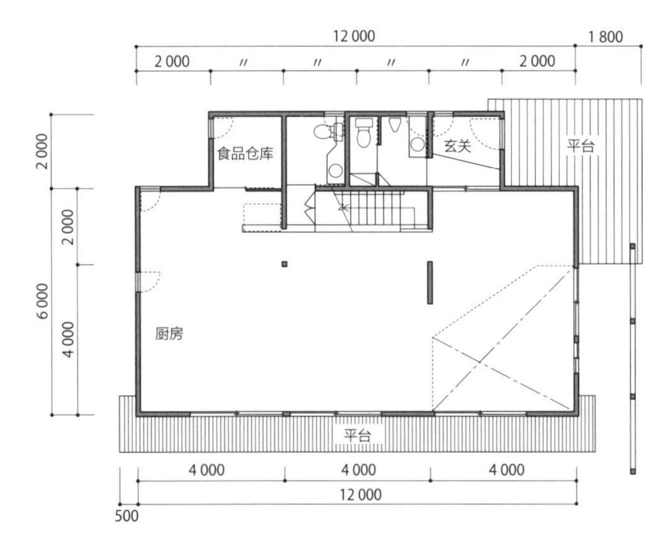

1楼平面图1:200

《建筑知识》1985年7月刊~1986年8月刊中委托刊登了《秋山东一的STOCKTAKING》的连载。在第5回（85年11月刊）中精选了当时作为秋山东一自己的1970年型号大众（Volks Wagen）车（该车没有空调装置，尽管离舒适这个评价还有段距离，但却是一辆单纯而简洁明快的轿车）做了重新评价。以简单实用的设备来对拥挤的现代建筑提出了质疑。

照片：外墙面上方为小波纹彩色镀锌钢板，下方为陶瓷壁板粉刷墙面。分别使用2种材料给人以简洁内敛的印象

（材料提供：OM太阳能）

难波和彦

Namba Kazuhiko

(1947—)1969年东京大学工学部建筑学科毕业后于1974年在同大学研究院(东京大学生产技术研究所·池边阳研究室)取得博士学位。1977年设立一级建筑师事务所界工作舍。东京大学名誉教授。以最低成本实现最低必要性能为目标设计的"箱体之家"现已成为一个系列。1998年获得住宅建筑奖,2004年获得JIA环境建筑奖。2014年获得建筑学会奖业绩奖。

工业化和商品化

难波和彦通过"箱体之家"系列,把都市住宅所需满足的复杂条件集中起来放到箱体之中进行不断尝试。设计主题从部件和方案等的"标准化"开始,到框架和施工方法等的"多样化"、铝材环保住宅等的"保温环境"、最后变迁到住宅和部件的"商品化"。

"箱体之家001"是一对夫妇和3个孩子(2男1女)共同使用的住宅。以起居室为中心形成100 m²左右的开放式立体空间,支撑屋檐的钢架柱子并排在南侧靠前位置。由于原先的预想是建造一个平台式住宅,因而东西侧的窗户控制到了最小限度,采光和通风都布置在南北两侧。住宅内部基本没有隔墙,家庭成员的房间有不错的整体感。孩子用的空间连接到起居室打通的上方,起居室通过庭院向街面开放。

选用易于维护的建筑材料,把结构和施工方法单纯化,最低必要性的设施,甚至没有材料浪费并且施工方便等,工业化和商品化的优良效果在这个作品中得到了体现。而"箱体"这样的名字也抓住了许多设计师的心。

◆ 箱体之家001(伊藤邸)[1995年]

结构:木结构2层 | 施工:西田住宅

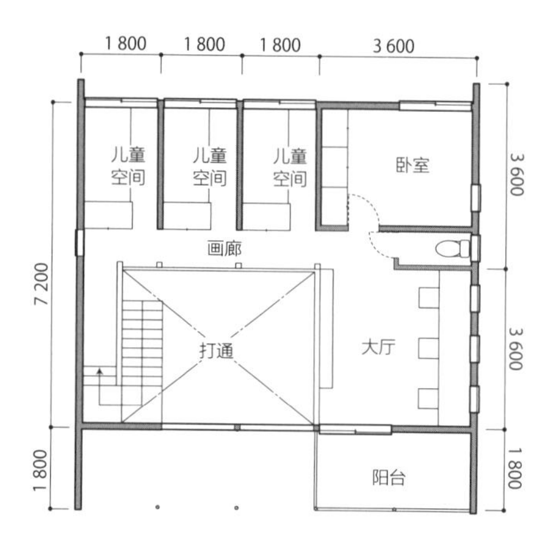

2楼平面图1:200

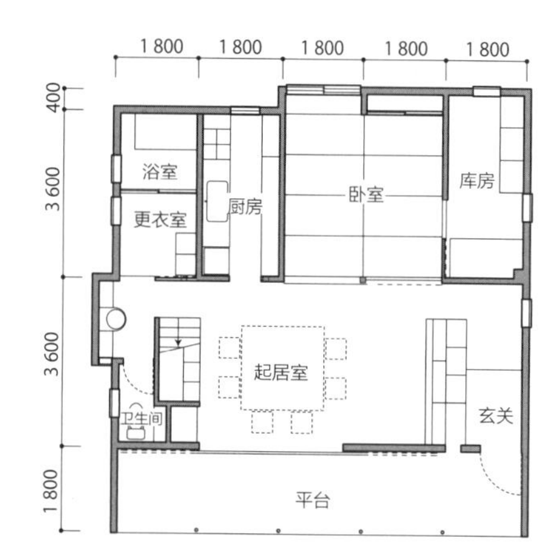

1楼平面图1:200

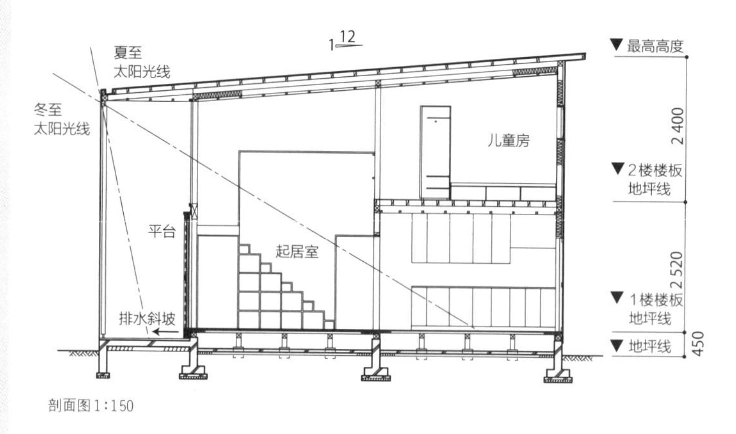

剖面图1:150

照片:方案中南侧的大型开口。以1.8米高度分隔的外立面立柱同时也作为内部空间分隔的尺度体系投影来使用

(摄影:平井广行)

藤森照信

Fujimori Terunobu

（1946—）1971年毕业于东北大学工学部建筑学科。因大胆使用自然素材而广为人知。不仅仅在建筑的框架内，也参与各种不同的社会活动而备受关注，比如和赤濑川原平、南伸坊等人一同结成路上观察学会等。

自然素材与现代住宅

因独特的设计活动而受瞩目的藤森照信的自然派住宅，是先锋艺术家赤濑川原平的住宅及工作室。受到民宅中的植草屋顶概念的影响，藤森照信开始了对于“植物与建筑共存”的建筑绿化尝试，创作了自宅“蒲公英之家”（1995年）等。

建筑地基低于路面约1层高度，高2层木结构，有一个大型的人字形屋顶。内外均采用挪威云杉木板张贴，室内墙面刷漆增强纹理。再把耐干燥和日晒的韭菜放入杯中种植在大型铺板屋顶上。融入藤森照信的建筑中的对于自然素材和工匠技术的重视，对于现在的建筑和其建造方法来说，都是一个强烈的批判信号。

藤森照信的“蒲公英之家”“韭菜之家”虽然是把屋顶绿化概念推广起来的建筑，但是和现在常见的屋顶绿化方案不同，它们没有防水措施等，算是绿化“寄生”于建筑物的一种尝试案例。然而作为在建筑上种植植物的大胆设计，确是令许多当时的设计者所难以置信的。

◆ 韭菜之家 ［1997年］

结构：木结构2层 | 施工：高尾建设

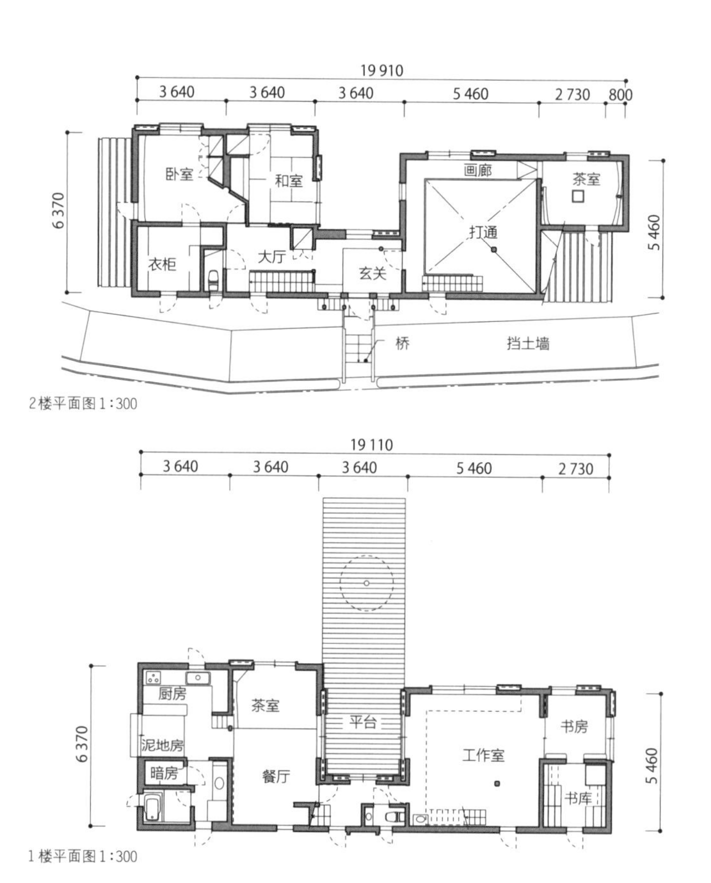

2楼平面图 1:300

1楼平面图 1:300

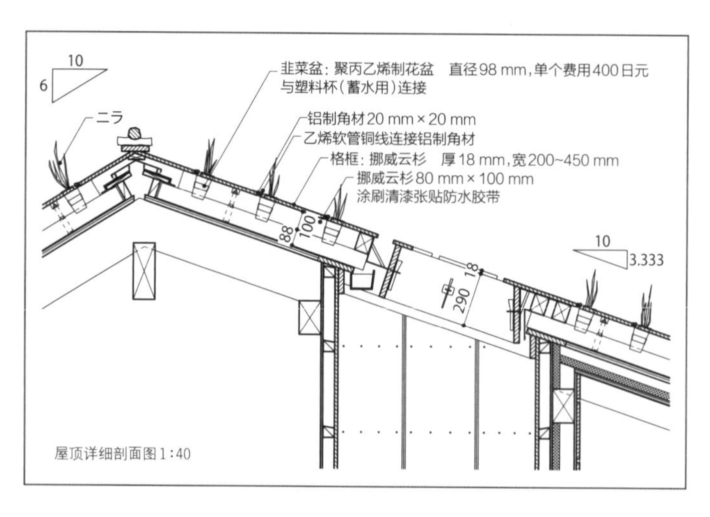

屋顶详细剖面图 1:40

当时也有过设计一个普通的住宅的想法，但是赤濑川先生对我说“难得麻烦你来设计了，就稍微做点不一样的吧”，所以就在屋顶种上了韭菜。

——藤森照信

照片：波纹石板和挪威云杉板组合起来，上方种植有约800盆韭菜
（摄影：藤森照信）

木原千利

Kihara Chitoshi

(1940—)1972年开设木原千利建筑设计事务所(1995年改称木原千利设计工房)。2000年至2010年任关西大学工学部建筑学科兼职讲师。在现代住宅中融入"和"的感受为设计主题，设计了许多优秀的日本住宅。"怀风庄"获得了1997年日本建筑学会作品入围奖。

挑战新式和风感觉

木原千利是和村野藤吾以及出江宽等同一个谱系的建筑师。不拘泥于日本建筑的形式，而是把"和"赋予所设计的住宅中。

"怀风庄"的中心是一个通风透光的2层高的阳光房，作为"西洋和东洋的缓冲带"连接起东侧的起居室、餐厅部分和西侧的和室部分。南北两面也设有2层楼高的可开放式定制门(玻璃门、纱门、格子门)，并且都可以收入墙内营造出半户外的空间。

连接到大门的入门空间开始的庭院和建筑之间的关系、钢筋混凝土的曲面墙中设置的和风空间，以及不锈钢和玻璃制成的远处的棚架、延伸到室外的壁龛的设计等，都是对于新式和风感觉的挑战性尝试。

"代表茶室的传统茶道屋是一个让人感到心情平静安稳的空间，在如何融入主人的心境和与自然共生方面做了一番功夫"，木原千利这样说。在来去匆匆的现代生活中，向传统学习，谨慎地营造居住空间的木原千利的思考方式，给予现在的和风住宅的设计思想很大的影响。

◆ 怀风庄 [1997年]

结构：木结构、部分钢筋混凝土结构2层 | 施工：笠谷建设公司

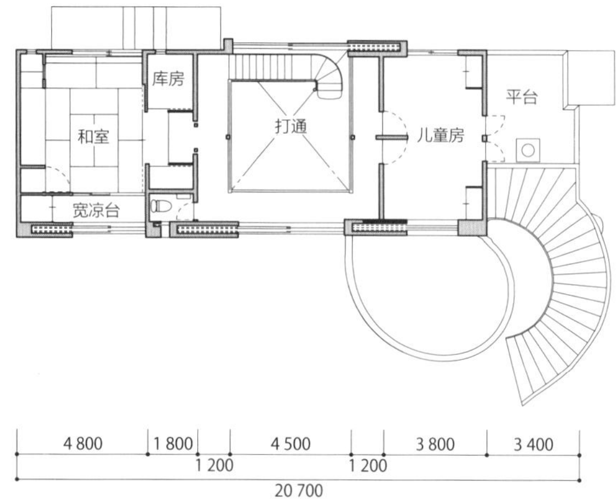

2楼平面图 1:300

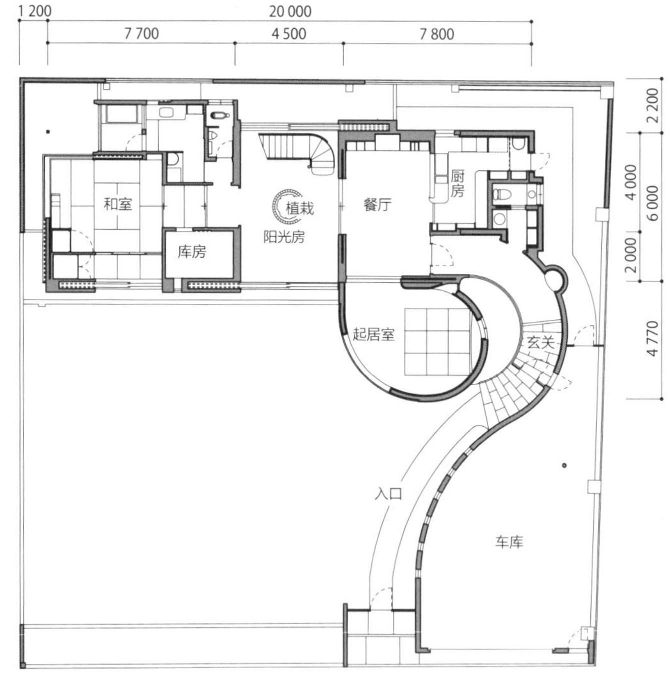

1楼平面图 1:300

"住宅中能不能放入植物呢"，我经常会因为这样的要求陷入苦恼中。夜晚的露水、白天的阳光和风，为了满足这些在住宅中可望不可得的条件，以利于植物的种植，确实下了一番苦心。通过天窗以及从大厅的地面延伸到屋檐的格子门使得足下得以凉风习习，充足的阳光也能得到保障。

——木原千利

照片：阳光房采用了高处悬挂的定制门，营造出开放通透且通风良好的户外空间
(摄影：松村芳治)

塚本由晴

Tsukamoto Yoshiharu

＋

贝岛桃代

（1965—）1987年毕业于东京工业大学工学部建筑学科（从属于坂本一成研究室）。1987年在巴黎建筑大学贝尔维尔分校留学。1994年获得东京工业大学工学博士学位。建筑师、东京工业大学研究院副教授、工学博士。

（1969—）1991年毕业于日本女子大阿雪家政学部住居学科。1994年获得东京工业大学工学硕士学位。1992年和塚本一同开设Atelier One。建筑师、筑波大学副教授。以住宅为中心发表了数个作品，在海外也有较高评价。

结合都市小空间并享受其中

Atelier One不仅开展设计活动，也因独特的都市论文章等广为人知。以自己独有的视角剖析东京街区的魅力，并对都市小住宅进行积极地再设计尝试。

通过把称为“环境单位”的住宅内外要素结合起来，跨越建筑本身境界向外环境延伸，再重新考虑人们的生活所处的位置。

“Mini House”是一个建在约76 m^{2}土地中央的，单纯的小箱体4周再向外延伸结构的住宅。中央部分是没有隔墙的单间层压结构，稍微延伸出来的部分是厨房、阳台和浴室等。这样的排布方式可以在外部形成小型的庭院和停车位，并体现出住宅和环境间紧密的联系。

土地环境易于变化的都市住宅“Mini House”重新审视了建筑物和土地之间的根本关系。

◆ Mini House [1998年]

结构：钢架结构地下1层・地上2层

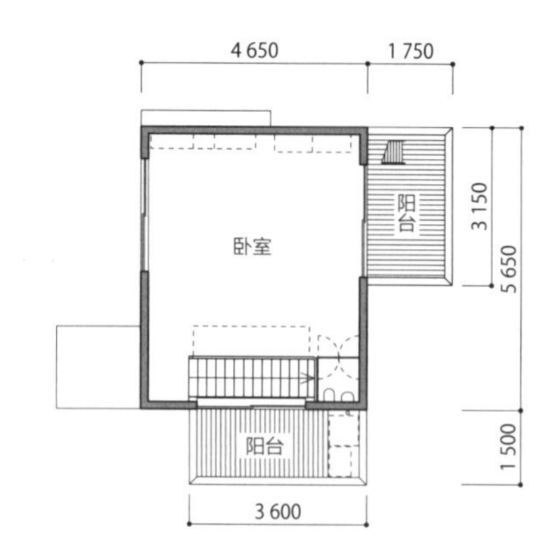

2楼平面图1:200

1 000　2 650　3 750

厨房

起居室

3 150

1 650

下　上

2 050　3 600　1 750

1楼平面图1:200

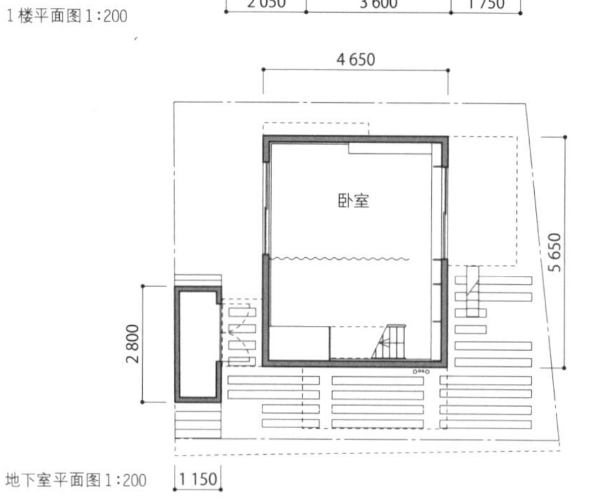

地下室平面图1:200

《建筑知识》2005年8月刊的特辑《住宅细节Best50》中使用详细图对“黑犬庄”和“Izu House”的采光通风部分细节做了解说。“Izu House”的外立面采用了暖房用的窗框。冬季的时候在窗框上的露水会进入玻璃重合部分提升密封性，这和“应当防止结露”的思考方式正好相反。

照片：突出的部分下面停着一辆Mini Cooper。传达出小空间的大魅力
（材料提供：Atelier One）

64-28

建筑知识
BACK NUMBERS

20
世纪
90
年代

木结构建筑扛不过大地震吗（1995年3月刊）

照片1
虽然采用木板土墙建造，但是墙面比较多的货仓仍未倒塌

照片2
木板基底铺设铁丝网涂刷砂浆的墙面、瓦片屋顶的房屋受损严重

照片3　1楼门面没有墙壁的个人商铺

照片4
门窗并排部分没有墙面的木结构2层公寓

木结构住宅的受损情况调查报告

到现场调查的路线是坐阪神列车先到青木站，然后沿着2号国道徒步曲折前进着调查两侧的住宅地情况，一直到三宫站附近。由于住宅密集地区的受灾范围相当广泛，因而也不可能进行彻底调查，但是仅从这些受损比较严重地区的调查来看也能知道不少事实情况了。

墙面支撑结构外露的木板土墙，上面盖着厚重的黏土瓦片屋顶，这样的老实住宅基本上全部倒塌了（照片1）。

其次，这片地区用的最多的木结构建造方法是在和室小屋上使用黏土固定瓦片屋顶，外墙采用木板条做基底，外面铺上铁丝网刷上砂浆建造的传统木结构住宅，这样的住宅基本上也是全部倒塌，或者说2楼出现巨大空洞直接嵌入到了1楼里。那些1楼门面没有墙壁的个人商铺，以及2层楼的公寓之类基本上都是这样的木结构建筑，也都是同样的受损程度（照片2、3、4）。

与之相对的，屋顶和外墙采用比较轻量级的干燥式方法建造的传统木结构住宅中想要找到受损的部分就比较困难了，可以说是完全没有受损的状态。特别是在这片地区比较多的昭和63年（即1988年）法律改修以后建造的3层木结构住宅基本上在外观上都是完全没有受损的状态。外侧墙面全部采用张贴胶合板51 mm×102 mm建材框架建造方法，以及木质预制建材装配式建造方法的住宅在外观上也是完全没有受损的状态。到处都可以

死亡人数超过5 000人的阪神和淡路大地震中，许多的木结构住宅完全倒塌并且引发了火灾。在这样的情况下许多人萌生了“木结构建筑扛不过大地震”的印象。另一方面，地震灾害过后关于建筑中的金属制品的法规很快就完备起来，而能够耐强地震的住宅所需的各项技术也取得了长足进步。

发布序号
1995年3月刊

特　辑
紧急策划
兵库县南部地震

内　容
木结构建筑
扛不过大地震吗

照片7　南面2楼有一个凸出阳台的住宅

照片5
倒塌的公寓变内伤就是毫发无损的木结构3层住宅

照片6
倒塌的住宅隔壁是没有受损的带阁楼3层住宅

照片9　立柱根部和地基紧密结合因而没有严重受损的住宅

照片8　总共2层，1楼外角部分使用单立柱构造玄关入口的房型（立柱根部断裂）

看到严重受损倒塌的瓦片屋顶木结构住宅边上是现代风格木结构建筑毫发无损屹立如初的景象（照片5、6）。

屋顶和外墙的重量以及建造方法的区别会导致不同的受损程度这个虽然一开始就有想到，但是结果这样泾渭分明还是远远超过了预期。即使当地居民对于木结构的专业知识不够了解，也还是表露出了“重瓦片屋顶和涂抹的墙面建造的木制住宅似乎不结实啊”这样的感受。

现代风格的木结构住宅虽然受损不常见，但是南面墙面部分少，还有个凸出的大型阳台的房型（照片7），以及总共2层且1楼外角部分构造玄关用的独立立柱从根部断裂（照片8）等情况，也反映出承重墙设置的均衡以及事前规划的重要性。

相反的，采用木板铺设铁丝网涂抹砂浆的外墙的住宅，有些因为承重墙地基和立柱紧密结合因而受损也比较轻微（照片9）。然而大部分的住宅中承重墙的边角立柱只是用了很短的榫插入地基，在受力后脱落倾倒，受压后倒T字形无钢筋混凝土基座就断裂开和地基分离了。这个地区还有很多采用木板内侧板条土墙涂刷的支撑结构半外露折衷外墙建造的住宅……

2000 年以后

时代概括

住宅的未来

建筑师和结构师

2000年以后的住居中较为受到关注的是住宅改造以及转型的方向。蜜柑组公司的“团地再生”项目受到广泛关注，民营的集体住宅等的改造案例也在增长，住宅长久使用下去的意义得到了新的诠释。

对于新材料、技术和结构的尝试等也涌现出一些有趣的案例。在任何时候走在时代前列的总是拥有技术的人，而后让这个时代趋于成熟的便是建筑师了。**远藤政树＋池田昌弘**的“天然板岩”（2002年）和**椎名英三＋梅泽良三**的“IRONHOUSE”（2007年）这样由建筑师和结构师共同设计出来的优秀作品不断被创作出来。由于对材料和结构的关注，诞生了诸如以石材和钢铁材料为主题的住宅，比如大谷弘明使用了混凝土等工业制品建造的“层叠之家”（2003年），以及竹原义二充分展现木质材料魅力的自宅，考虑到抗震性能的需求，给出了新的木结构施工方法和系统等，通过材料和技术方面的努力创造出全新的建筑空间，并以此获得了世人的瞩目。

新的都市印象和与之对应的都市住宅也在这个时候初露端倪。而在一眼望去并无秩序的日本都市中支撑这样理念的年轻建筑师们也站上了历史的舞台。Atelier One的一系列作品和**妹岛和世**的“梅林之家”（2003年）等，给已有的陈旧的狭小住宅设计方案带来了一阵清风。建筑师们拼尽全力对于终极迷你住宅的各种尝试，在当今世界上也是绝无仅有的，让人对于以后会诞生什么样的居住文化也心存期待。支撑着建筑师们不断挑战进步的，可以说就是户主对于居住方式各种独特的希望和要求了，而户主的价值观本身也是在不断变化之中的。追求与自己的生活方式相适应的住居环境的力量在**手塚贵晴・手塚由比**所设计的“屋顶之家”（2001年）等作品中得到了充分的体现。

适应老龄化社会

与近代家族形象所相配的近代住宅式样曾经是战后住宅最大的课题，而今也已经发生了很大的改变。

一厅多卧的模板解体给个人、夫妇、家庭、地区社会的关系带来了很大的变化。未来要摸索的道路肯定是要适应多样化的家庭形态的合租公寓和集体住宅等住居形式。西泽立卫的“森山邸”（2005年）虽然反映出了住宅解体现象下的最终形式，但另一方面作为连接起家庭成员枢纽的住居功能却依然得到了保存。**伊礼智**的住宅把在质量上优于建设公司和建筑承包商住宅的建筑师住宅标准化并了出去，**本间至**则追求美观易用的“普通住宅”并因此受到关注。

与此同时，单身住户和老人们的住宅也作为一个大课题浮上了水面。在世界上绝无仅有的老龄化社会中，都市和住宅等应该是怎样的存在方式呢？超越以往的别墅和集体住宅的新形式显然是个新的目标，并且在世界范围内也是一个热门话题。2011年的东日本大地震使得经过长年积累形成的社区在一瞬间崩溃，如何复兴受灾地并创造出新的社区也成为了一个新课题，考虑到以后的日本社会，这些问题也指出了一些方向。

精确确定梁剖面尺寸的方法

丨楼板骨架的作用

楼板骨架一个较大的作用是支撑人、家具、物品等，把重力集中到立柱上。倾斜的、走上去软绵绵让人不安的楼板是绝对不可以有的。竣工之后随着家具和书本等的增加，加上楼板骨架自己的重量，承载的重量负荷会逐渐变大。屋顶、外墙、内墙等各部位之中承载重量负荷最大的也是楼板骨架。

另一方面，楼板也充当着水平平面（※1）结构的作用。台风、地震等对建筑物施加水平剪切力的时候，楼板也是最先受力的。虽然承受水平剪切力的是承重墙，但是楼板需要首先受力并能平缓地分散到承重墙上才可以。

因此近年来能承受较强水平剪切力的刚性楼板就得到了普及。省去了托梁结构，并以直接在楼板梁上张贴 24 mm 以上厚度的结构用胶合板的方式为多。

丨1楼、2楼楼板骨架的结构

笔者出于楼板下铺设管道需要的考虑，使用了 60 mm×45 mm 的托梁作为基底（图 1 下）。以 910 mm 间隔摆放钢制小立柱来支撑龙骨（90 mm 方形），因而 1 楼的楼板承重负荷基本上都直接传导到了地面上。并且这样就不需要角撑基座了。钢筋混凝土的地基直接作为基座使用，因而 1 楼的水平刚性也由低级来承担（※2）。

另一方面，2 楼的楼板框架如同图 1 上，以 910 mm 间隔摆放挪威云杉 KD 材料横梁（105 mm×240 mm），正交方向使用挪威云杉材质的甲乙梁（105 mm 方形）以 910 mm 间隔摆放，组装完成后看上去就如同华夫饼一样呈格子状排布。其上再铺设 24 mm 厚的结构用胶合板，并钉钉固定作为刚性楼板。钉子使用 CN75，一般部分打通，楼梯间等地面开口部分也以 100 mm 间隔统一钉钉。

图1 | 1楼、2楼楼板骨架要点 S=1:30

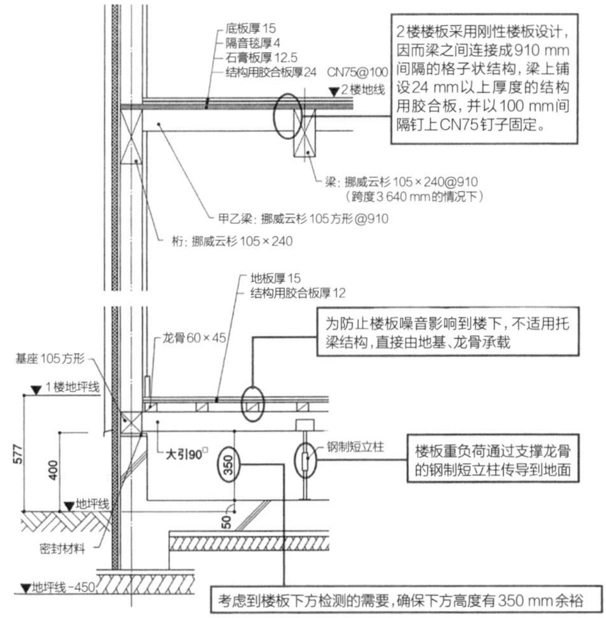

丨计算梁的偏转量

梁的剖面尺寸不能确定的话设计就没法进展下去。梁的最大偏转量需要控制在限制值以内，一开始作为参考，可以给梁端部施加剪切力到下沉的程度来确认，这样最终就可以确定剖面尺寸了。

图 2 的跨度表是笔者在只有楼板承重负荷的时候采用的梁的剖面尺寸参考。这种情况不需要确定梁端部剪切力下沉程度。

然而，2 楼立柱这样不仅要负担楼板重量，还要负担屋顶重量到梁上的时候，就需要考虑等分布重负荷和集中重负荷的符合重负荷情况了，因而不计算最大偏转量就没法确定在结构上安全的剖面尺寸了。

※1：能够对抗外力的平面型骨架。

※2：《建筑基准法施行令》第 46 条 3 项中，规定了"楼板骨架以及阁楼梁架的角部要使用角撑材料，物价必须要有防止震动的设计"，因而实际上省略角撑基座的时候必须要进行结构计算。

追求满足地震对策、品质保证法、说明责任的时代的潮流中，自 2000 年以后关于性能和结构主题的特集就频繁了起来。木结构特集就成了固定企划之一。这是关于刚性楼板和梁的剖面尺寸方面的解说。——2006年9月刊

从过往的《建筑知识》杂志看
建筑历史
2000年以后
住宅的未来

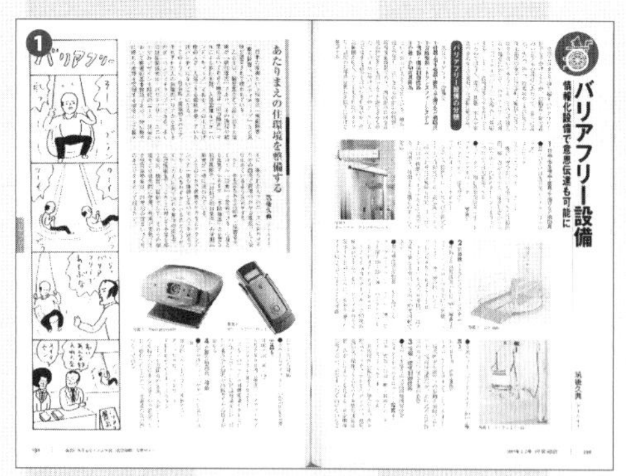
2001年2月刊《铃木式"住宅设备"攻略手册》

本稿登载作品　建筑历史中发生的事情

热门设备的小技巧
防范、无障碍设施、节能等，介绍了当时的热门设备。并解说了设备用语和住宅内信息化、数字电视等。——❶
特辑《铃木式"住宅设备"攻略手册》(2月刊)

致病住宅规避法完整攻略!
致病住宅相关对策的规定得到了强化，强制规定了原来的住宅设计中所没有的，内部装修和材料甲醛散发量的限制、换气设备设置义务等新兴设计手法。从法规、建材、换气三个方向来完整解读追兵住宅规避对策
特辑《致病住宅"法规☆建材☆换气"完整攻略》(6月刊)

2000年
- 《住宅基准法》修正
  建筑批准和检查业务向民间开放，从根本开始对建筑基准的性能条例化改修。对于木结构住宅特别规定了抗震耐力用途的地基条例。地面测量在事实上被义务化。承重墙的设立中平衡计算成为必须部分
- 《大规模商铺店铺位置法(大店位置法)》实行
  与此同时废止《大店法》
- 促进住宅品质保证的相关法律(《品质确保法》)实行
  从结构上规定抗震等级，住宅性能标示制度实行
- 住宅金融公库的常用规格书改订

2001年
- 《品质确保法》中规定了空气环境表示方法
- 为确保老年人居住环境安定推行相关法律
- 三泽康彦·三泽文子"J板材住宅"
- 手塚贵晴+手塚由比"屋顶之家"

2002年
- 地球温室化对策推进大纲确定
- 远藤政树+池田昌弘"天然翼板"
- 竹原义二"第101号住宅"

2003年
- 三陆南部地震(日本气象厅烈度等级6弱，里氏7.0级)
- 《致病住宅规避法》实行
- 妹岛和世"梅林之家"

2004年
- 《建筑基准法》修正(现存不符合规定建筑物相关等)
- 新泻县中越地震(日本气象厅烈度等级7级，里氏6.8级)
- 本间至"鸠山之家"

2005年
- 日本国际博览会(爱·地球博览会)在爱知开幕
- 结构计算书伪造问题被曝光
- 山边丰彦+丹吴明恭"传统型木结构实验住宅"

2006年
- 《抗震改造促进法》修正
  推进有规划的抗震化，强化对于建筑物的引导方向，通过抗震改造支援中心提供和抗震改造有关的信息等，扩充了大量支援措施

"三大改修"完全解读!
2000年的《建筑基准法》改修相关的总合计。对和木结构住宅密切相关的公库基准大修改、品质确保法的正式施行两部分做了完整解说
特辑《木结构住宅"建筑基准法+品质确保法+公库"交叉检验》(1月刊)

姐齿秀次·抗震伪造事件
2月刊到5月刊的4期杂志都和抗震伪造事件有关，以专业杂志应有的态度对事件问题做了彻底跟踪
总特辑
《追击姐齿·抗震伪造事件》(2月刊)
《抗震伪造事件是怎么发生的》(3月刊)
《伪造抗震性能的建筑会倒塌吗》(4月刊)
《抗震伪造引发的法律改修快报!》(5月刊)

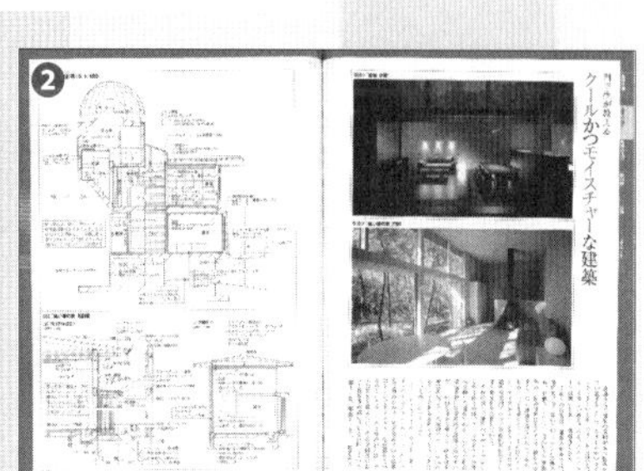
2006年6月刊
《宫胁檀住宅设计戒律60则》

永恒的宫胁檀设计手法
从宫胁檀的规划到素材、安设等设计手法，通过其学生设计师做了详细解说——❷
特辑《宫胁檀住宅设计戒律60则》(6月刊)

超级易懂！钢架住宅的建造方法

从结构体的机制到基底材料的安装，将设计所必需的信息巨细无遗地视频化。杂志首次附赠DVD。其后以照片和漫画等图像为主的特集不断增多——❸

特辑《一看就懂！钢架结构"现场入门"照片介绍》(4月刊)

2007年4月刊《一看就懂！钢架结构"现场入门"照片介绍》

2011年5月刊《紧急特辑 东日本大震灾》

战胜地震的建筑

"大地震之后马上就去取材，因为交通设施还没有回复，所以就和从关西来的作者一同在东京站乘坐巴士，在山形县和摄影师汇合后再进入宫城县"——❺

《紧急特辑　东日本大震灾》(5月刊)

2007年

- **受到抗震伪造问题影响，与建筑相关的4个法律**（建筑基准法・建筑师法・建设业法・住宅建设业法）**得到修正**
- **住宅金融支援机构开始发展**
- **新泻县中越冲地震**（日本气象厅烈度等级6强、里氏6.8级）
- **椎名英三+梅泽良三"IRON HOUSE"**

2008年

- **《建筑师法》修正**
  创设了用于证明一定规模以上的建筑物的法律适应性的结构与设备方面的新资格，建筑师有了定期参加学习的义务，管理建筑师有了参加学习的义务，修改了建筑师考试内容和考试实践要求，引入制定注册机关制度等
- **雷曼冲击**
- **西方里见"卧龙山之家"**

2009年

- **《住宅瑕疵担保责任履行法》实行**
- **住宅节能基准修正**（次时代节能基准修正版）
- **促进长期使用的优良住宅普及相关的法律**（《200年住宅法》）**实行**
  能够长期使用的"200年住宅"施工费比一般住宅要高许多，因而从税收制度上给与优惠以期能够普及起来
- **新奠基住宅约79万户。与上一次达到近80万户间隔了45年**

2010年

- **为促进适于能源环境保护商品的开发和制造事业而制定的相关法律**（《低碳投资促进法》）**实行**
- **伊礼智《守谷之家》**

2011年

- **东北地区太平洋冲地震**（日本气象厅烈度等级7级，里氏9.0级）
- **UIA2011东京大会　第24届世界建筑会议召开**

2012年

- **可再生能源的固定价格收购总额制度开始实行**

《建筑知识》史上厚度第一！

作为特别附录附上了大部头的《建筑相关法令集》，是的杂志的厚度剧增，"拍照工作也好繁重……要分为12个用途区域（哭）"（责任编辑）——❻

特辑《住宅基准法的解剖图鉴》(3月刊)

木结构的特色

从2月刊到4月刊三期都是由第4期特例引发的木结构研究特集——❹

特辑

《你也能画好"木结构平面图"》(2月刊)

《"木结构"结构计算插画手册》(3月刊)

《你所不知道的"木结构+抗震改造"》(4月刊)

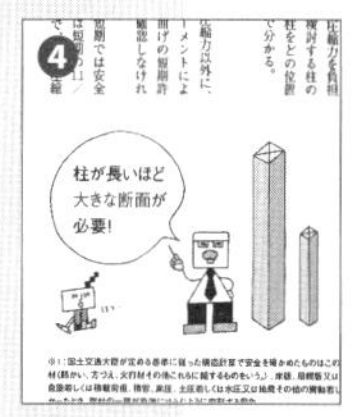

2009年3月刊《"木结构"结构计算插画手册》

❻ 2012年3月刊《建筑基准法的解剖图鉴》

三泽康彦·三泽文子

Misawa Yasuhiko & Misawa Fumiko

(1953—)1974年进入美建建筑设计事务所。在一色建筑设计事务所(东京)任职，于1985年和妻子三泽文子一同开设了Ms建筑设计事务所。

(1956—)1979年毕业于奈良女子大学理学部物理学科。1980年毕业于大阪工业技术专门学校建筑学科。在高木滋生建筑设计事务所、现代计划研究所工作，于1985和三泽康彦一同开设了Ms建筑设计事务所。1996年为调查研究阪神·淡路大地震中倒塌的木结构建筑以及开发的目的，开设了木结构住宅研究所。2001年在岐阜县立森林文化学院担任教授。

板材和金属件施工方法的先驱

三泽康彦和三泽文子开设的Ms建筑设计事务所以“设计木制住宅”为标榜。他们在自然素材住宅急速普及的过程中，为保证木制住宅能有足够的性能做出了积极的努力。三泽夫妇还开发了“J板材”，采用间隔砍伐的杉木板干燥后沿纤维方向3层叠合而成。还推进了在立柱之间嵌入J板材提升强度形成整体结构的施工方法的普及。他们使用科学的方法处理木材料的做法融入整个生产系统中，并广为人知。

夫妇两人致力于将木材料对于住宅设计和耐久性的作用最大化。为了形成优质的框架结构，要使用选定产地出产的干燥木材结构材料，使用传统框架结构所用的“D螺栓”来紧密连接，并推荐户主采用自己给建设公司提供建材的方式。

◆ J板材住宅 [2001年]

结构：木结构2层 | 施工：村上建设

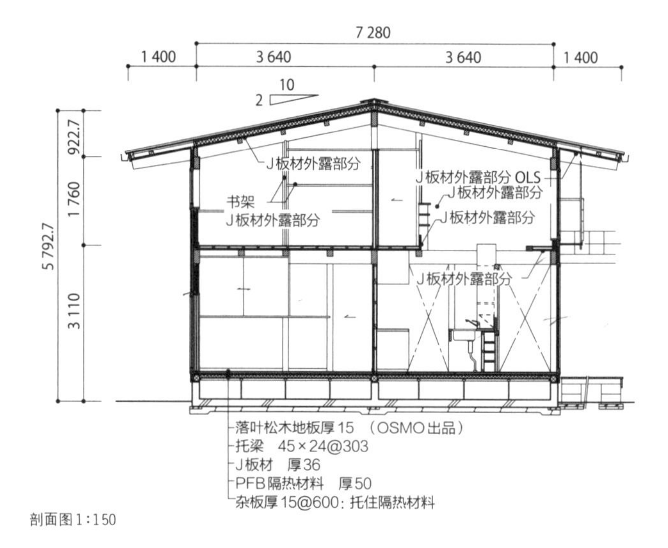

剖面图1:150

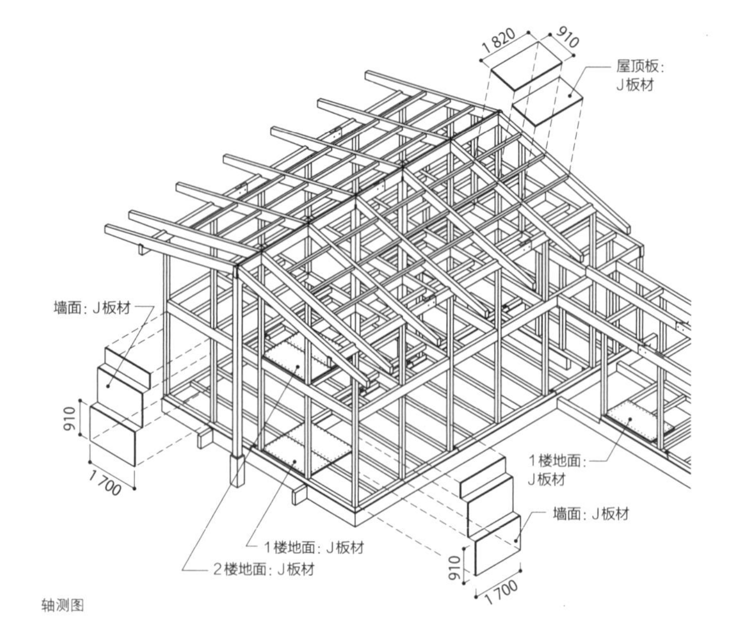

轴测图

照片上：屋檐进深的外观。右边是下层房屋的用水空间。正面通过平台连到起居室
中：起居室、餐厅、和室并用一个家庭成员共用的整体空间
下：2楼采用书架作为隔墙使用
（材料提供：Ms建筑设计事务所）

手塚贵晴·手塚由比

Tezuka Takaharu & Tezuka Yui

（1964—）1987年毕业于武藏工业大学（现东京都市大学），1990年毕业于宾夕法尼亚大学研究院。1994年和妻子手塚由比共同设立手塚建筑企划（1997年改称手塚建筑研究所）。

（1969—）1992年毕业于武藏工业大学，曾在伦敦大学巴特利特分校师从荣恩·赫伦。夫妇一同以世界第一建筑为目标，设计了诸多崭新大胆的作品。

超越常识的设计的可能性

屋顶上不安装护栏不违反建筑基准法吗？——“屋顶之家”刚发表的时候，曾有过这样的抗议电话。以“在屋顶上生活”这样看上去不着调的想法却在建筑上获得了不错的成效，因而也带起了不少话题。手塚夫妇以“对屋顶上的基本要素重新考量再改变建筑的基本形态”为目标设计了这个作品，而让其变为可能的，一方面是户主的热切配合以及施工环境，另一方面就是手塚夫妇的才华。

约96 m^{2}的木结构平房建造在300 m^{2}的土地上，上方覆盖着140 m^{2}的巨大屋顶。整个屋顶采用木质平台构成，其上有桌子、椅子、厨房、淋浴，还有挡风遮视线用的高1.2 m的L字墙壁。木结构格构梁和结构用胶合板组成的150 mm薄的屋顶，和地面同样呈1寸高的倾角。远处的弘法山的景色就在眼前展开。室内使用移门隔开，门户全部打开就是一个开放式的单间。在住宅中如何展现出现代多样化的生活方式的手法，给予了年轻设计师们很大的影响。

◆ 屋顶之家 [2001年]

结构：木结构平房 | 施工：矶田

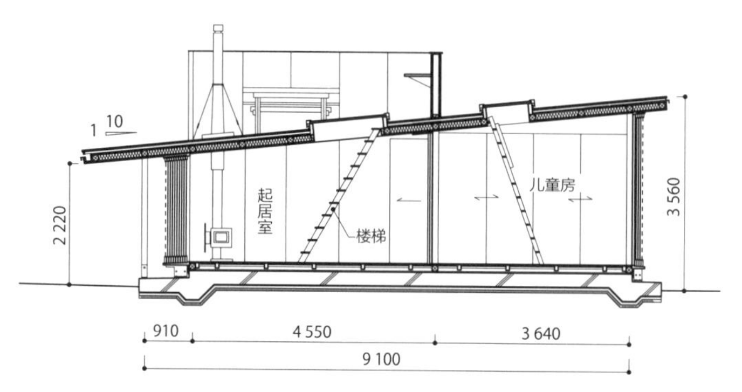

剖面图1:150

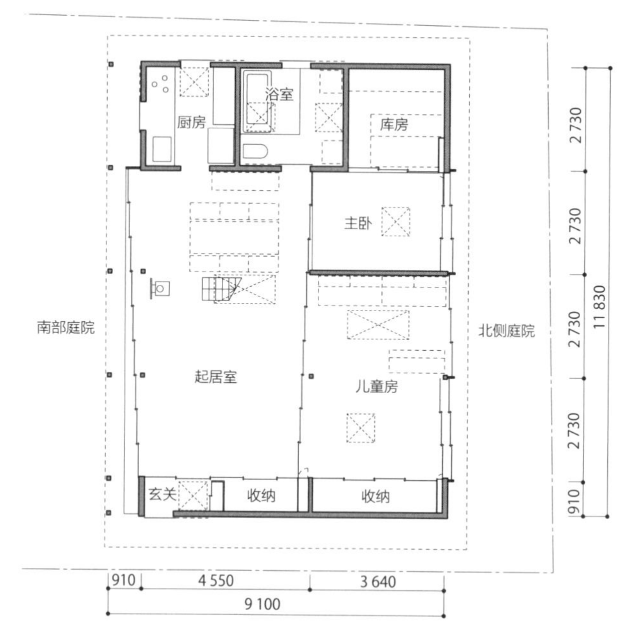

平面图1:200

在设计“屋顶之家”这个住宅的时候，还只是小学2年级和4年级学生的两个女孩子现在也已经是大学生和社会的一员了。然而我们现在做演讲的时候第一个案例仍然是“屋顶之家”。其后虽然我们也设计了大大小小无数个建筑作品，但是能超过这个住宅的我觉得还没有。这也是我们所有思想的原点所在。——手塚贵晴·手塚由比

照片上：屋顶缓和的坡面可以轻松坐下，使人心情舒适
下：屋顶有8个天窗，可以从任意一个房间上到屋顶
（摄影：FOTOTECA/木田胜久）

竹原义二

Takehara Yoshiji

（1948—）在大阪市立大学富樫研究室工作过一段时间后，在石井修的美建设计事务所工作。1978年设立无有建筑工房。2000~2013年任大阪市立大学研究院教授。把传统日本建筑中的空间重新构建，并充分利用素材本身的美感开展现代化建筑空间的设计活动。

“素”的结构美和素材美

竹原义二以小巷、中庭、泥地、半外部空间、错位和缝隙、连接的空间这些关键词为中心，参考茶道屋和茶室等日本传统建筑的空间性和结构，发表了许多作品。

竹原义二的自宅“第101号住宅”作为其回到自己建筑原点的作品，以木材和混凝土的混合结构作为主题。两种材料的比例达到了1比1。内和外、填充和留白、错位和缝隙等，建筑的各个要素都成对体现在这个空间里，在层叠的关系之中浮现出一种新的可能性。建筑用地宽7 m，纵深15 m东西向狭长，比道路要低1层楼左右。结构部分全部外露，只用支撑空间的骨架构成内部空间，并透过其中的错位和缝隙的部分采光通风。并采用20种硬质鲜艳充满野性的宽叶树木材，以不一致的切面尺寸切割，和钢筋混凝土一同组合使用。让这个都市住宅作品洋溢着绳文时代的风格。

竹原义二继承了传统日本建筑中“素”的结构美和素材美，以此来设计住宅的手法，给其后的许多设计师增加了一种思路。

◆第101号住宅 [2002年]

结构：钢筋混凝土结构+木结构　地下1层、地上2层｜施工：中谷建设公司

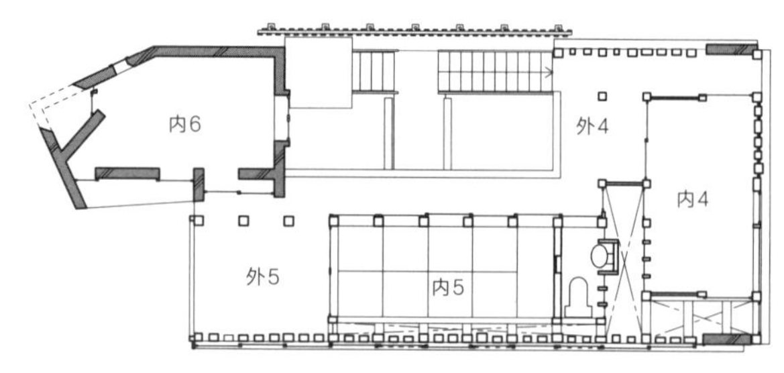

2楼平面图1:200

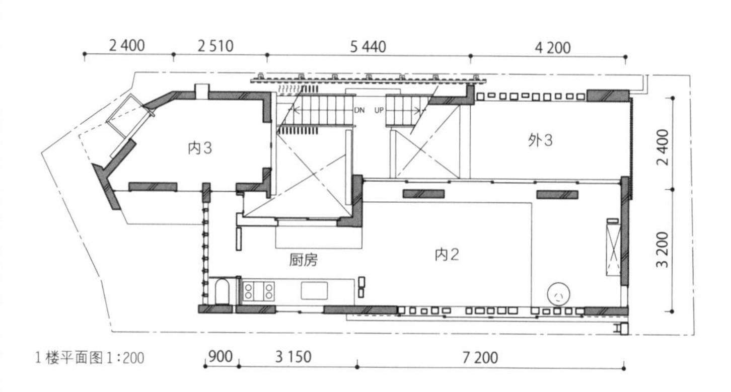

1楼平面图1:200

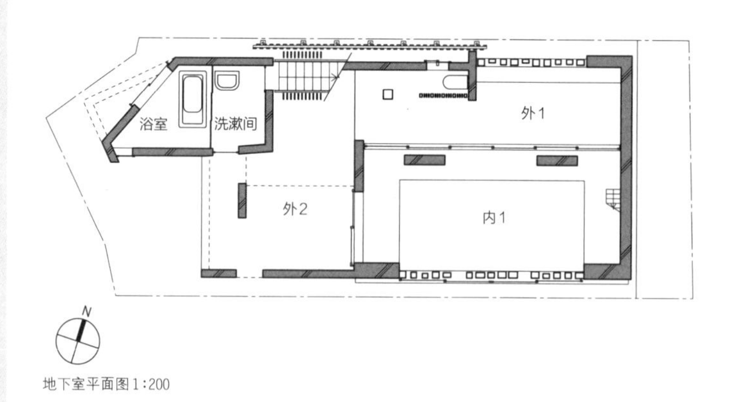

地下室平面图1:200

《建筑知识》2011年5月刊的特辑《效果拔群！最优秀的住宅建造设计方法》中，就将素材运用到建筑中的住宅设计对竹原义二进行了采访。在这个特辑中，对“富士丘之家”、“小仓町之家”、“大川之家”等的细节做了详细解说。

照片上：木材料和钢筋混凝土以1比1比例混合使用。宽叶树木材料构成的墙面立柱和纵向格子构成向着街道的外立面

下：风和阳光透过线条组合构成的墙面缝隙进入室内，内部则是居住舒适的宽阔空间

（摄影：绢卷丰）

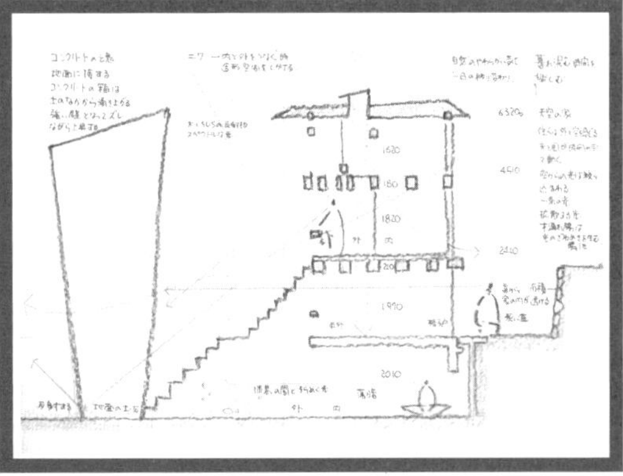

建筑地基低于道路一层楼高度，周围建筑的背面是拥挤的水道。根据地基内外两侧的对比决定了建筑的建造方式，“土地和建筑”以1对1的方式紧密联系在一起

远藤政树
Endoh Masaki
+
池田昌弘
Ikeda Masahiro

(1963—)1989年在东京理科大学研究院修完硕士课程。1989~1994年在难波和彦+界工作舍工作。1994年开设EDH远藤设计室。千叶工业大学副教授。设计了许多在外形、结构方面颇有特色的作品。

(1964—)1987年毕业于名古屋大学工学部建筑学科。1989年在同大学完成硕士学业。在木村俊彦结构设计事务所、佐佐木睦朗结构计划研究所工作后，于1994年进入池田昌弘建筑研究所，2004年创立池田昌弘有限公司。2010年开设"池田昌弘建筑学校(MISA)"。

结构+设计+功能

以技术手段营造创新的空间形式为目标的新锐建筑师远藤政树，和近年来开设了以培养结构设计专业人员的学校，致力于后辈教育的结构设计师池田昌弘一同，使用新型材料和技术创作出这个作品。

45°倾斜、60 cm间隔摆放的纵向翼板围城9 m边长的正方形住宅。面向起居室和厨房的平台，面向中庭的浴室采用包含内部化的外部空间设计。支撑2楼屋顶的板材具有布一样温润的手感，同时又是高强度立柱。与以往使用墙面和窗户来隔开内外空间的做法，这个作品如同被一整张巨布围绕起来一般，设计效果达到了一种柔性的境界。

◆ 天然翼板 [2002年]

结构：钢架结构2层 | 施工：葛建设公司

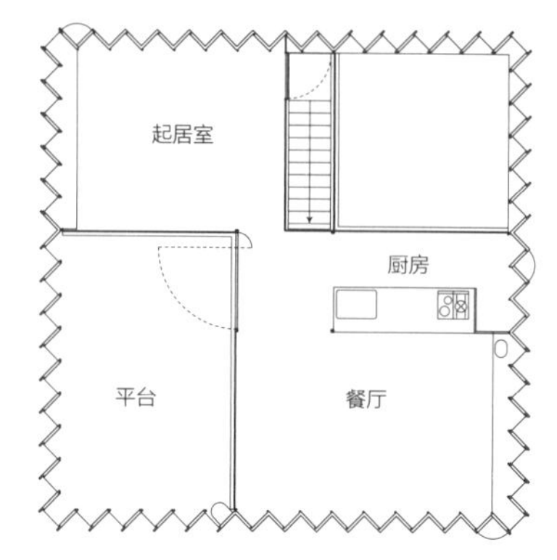

2楼平面图1:200

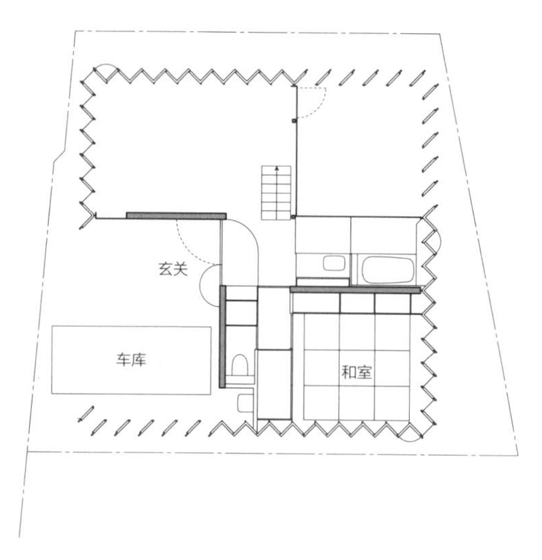

1楼平面图1:200

《建筑知识》2005年8月刊的特辑《住宅细节Best 50》中，精选了2人一同创作的作品"天然翼板住宅Ⅱ"，对其采光通风部分的细节做了详细解说。作为这个建筑外观上的一大特征，控制日照用的幕墙充当了百叶窗和窗框的作用。

照片：翼板采用25 mm厚的不锈钢立柱和25 mm厚的隔热板材贴合而成，用来支撑2楼的同时也具有采光通风的功能，并且起到了控制周围视线的作用
（摄影：坂口裕康）

妹岛和世

Sejima Kazuyo

（1956—）1979年毕业于日本女子大学家政学部住居学科。1981年在同大学研究生毕业后进入伊东丰雄建筑设计事务所。1987年开设妹岛和世建筑设计事务所。主要作品有“再春馆制药公司女子宿舍”（1991年）等。1995年与西泽立卫一同设立SANAA。2012年由SANAA设计的法国兰斯市的卢浮宫兰斯分馆正式开业，受到世界范围的关注。

立体型单室空间

不被现有尺度束缚，具有独特的设计和透明质感。接连在国内外发表话题作品的妹岛和世，设计了这个以所在地命名的“梅林之家”。

住宅建筑面积78 m^2，呈白色箱体形状，夫妇和两个孩子以及祖母共五人居住在里面。外墙和内壁使用16 mm的薄铁板建成。妹岛和世对于这个厚度的解释相较于美学上的原因来说，更多是出于家庭成员关系的考虑。就寝、学习、饮茶、休息分别都有不同房间，然而与通常的隔墙不同，这个住宅的墙面上都有人能够自由穿行的四方形孔洞连接两个房间。而且透过这些没有厚度的镂空部分看往下一个房间也极大动摇了人们通常对于房间的距离感受。

可以称之为立体单间形式的奇妙空间结构使得本来狭小的住宅显得较为宽敞了。这个住宅作品中的薄铁板不仅能营造出新的建筑空间，说过一点，甚至可以引发设计界对于生活感受的一次变革。

◆ 梅林之家 [2003年]

结构：钢架结构3层｜施工：平成建设

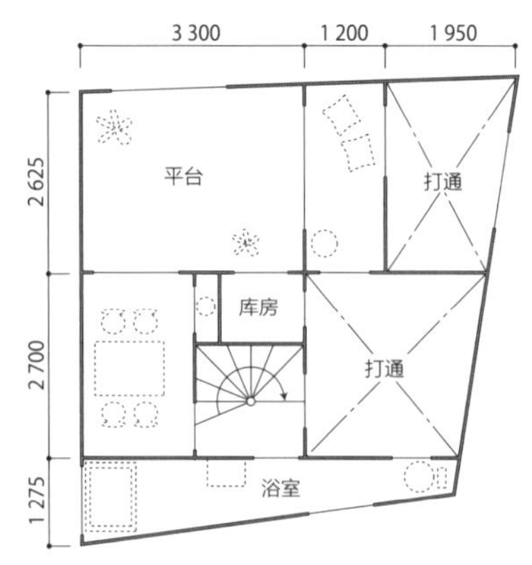

3楼平面图1:150

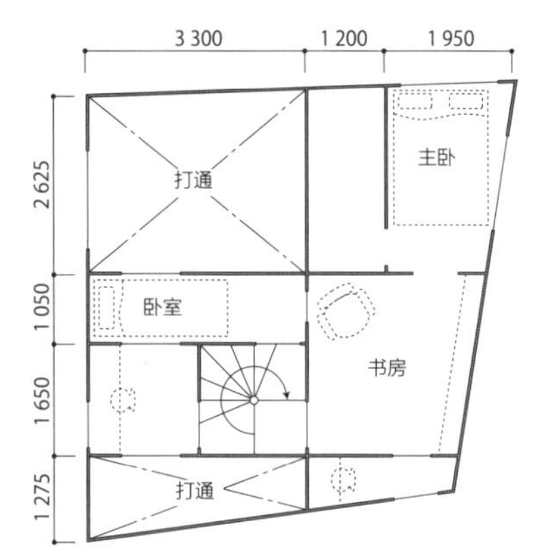

2楼平面图1:150

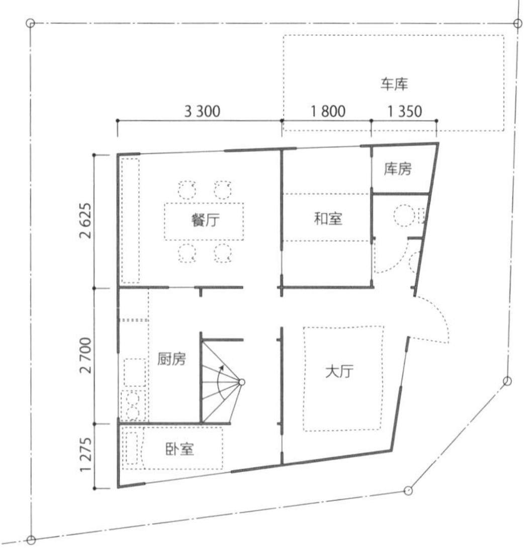

1楼平面图1:150

照片：薄铁板建造出来的墙面，形成了单间式样的居住空间，营造出了奇妙的距离感受
（材料提供：妹岛和世建筑设计事务所）

本　间　至

Honma Itaru

(1956—)1979年毕业于日本大学理工学部建筑学科。在林宽治设计事务所工作后，于1986年开设本间至建筑设计室。1994年更名为BLEISTIFT。日本大学理工学部建筑学科兼职讲师。坚持居住舒适为住宅本质进行设计创作，同时还有大量出版著作。作为NPO住宅建造协会的主管，他也参与了各种与住宅设计有关的活动。

对美观舒适的居住空间的追求

不以个性为追求，而是以“美观舒适的优秀住宅”为口号开展设计活动和著书活动的住宅设计师本间至，从生活出发进行思考，其平面与剖面、移动路径和视线等方面所下的功夫、内外的关联性以及控制采光通风的细节部分都得到了很高的评价。他在自己的著作上也陆续登载了这样优秀的“普通住宅”，通过这样活跃的著作活动也把设计第一线的窍门推广向了普通读者。

“鸠山之家”是一处上下左右部分都有充足空间的住宅。起居室、餐厨和阳台所围绕起来的L字形空间中是一个大约同等面积的木质平台。东侧丛林的外部景观和这个宽敞的平台融合在一起，绿意盎然的气息甚至弥漫到了室内。这样柔和地把内外空间连成一体的平台自身也成了另一处起居空间。

本间至对于镂空部分有自己独到的执念，如同他说的“这里是唯一不过问户主的地方，可以自由地进行设计”一般。对于这个决定了建筑品质的要素，他做了相当细致到位的设计。

◆ 鸠山之家 [2004年]

结构：木结构2层｜施工：内田产业

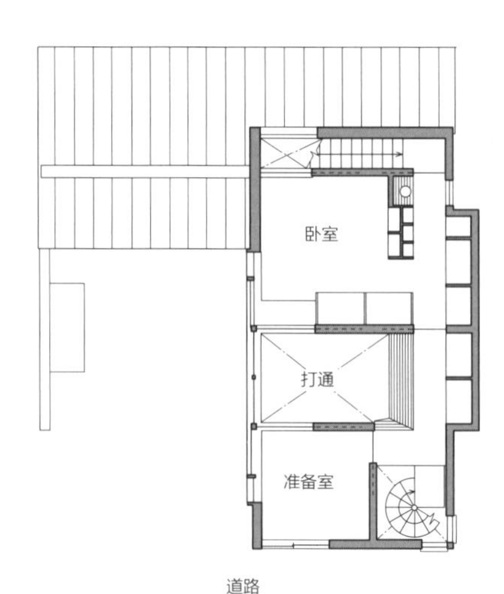

2楼平面图1:200

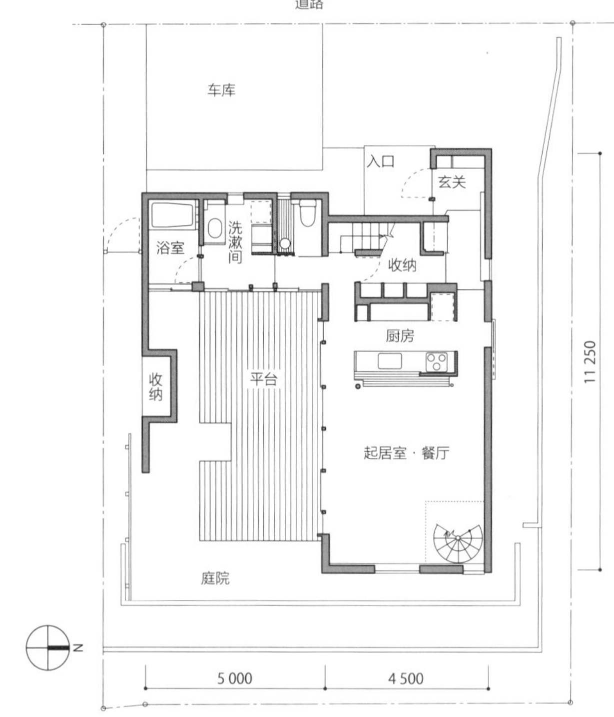

1楼平面图1:200

住宅与周边环境的关系是住宅设计中的一个问题，以及如何营造出能让在里面生活的家庭成员融入其中的空间。大方向来说需要思考的就是这两个问题。“鸠山之家”通过庭院的木质平台把周围的丛林氛围引入室内，而餐桌上方打通的天花板也能营造出纵向宽敞的空间感。并且通过2个楼梯构造出大型的环绕形移动路线，从而给每天的生活带来各种意义上的富余感。

——本间至

照片：2楼的书房角落往下看的餐厅和厨房。以打通的空间中间设置的餐厅来作为每天生活的中心（摄影：富田治）

山边丰彦 Yamabe Toyohiko ＋ 丹吴明恭 Tango Akiyasu

（1946—）1969年毕业于法政大学工学部建设工学科建筑专业。1978年设立山边结构设计事务所。1993年开始同丹吴明恭建筑设计事务所一同开展木结构建筑（特别是4号建筑物）结构研讨会，致力于木结构的力学解析。并努力把成果通过演讲和研讨会的形式向全国的设计师们传播。

（1947—）1972年毕业于芝浦工业大学建筑学科。其后进入联合设计社峰岸康男建筑设计事务所工作。1978年设立丹吴明恭建筑设计事务所。自1979年起师从小川行夫学习榫卯梁结构。1993年开始与山边丰彦一起开展研讨会，1998年开设木工学堂。

木结构的解析和重构

结构设计师山边丰彦和建筑师丹吴明恭与同道的施工业者一起对日本的木结构建筑的抗震性能做了重新评估，通过结果重构后使得木结构住宅的复生工作得以持续下来。

1995年的阪神・淡路大地震使得构成日本木结构住宅主流的传统木质框架建造方法并没有严格定义的事实暴露了出来。传统的结构方法在现代的木结构建筑中也没有被采用。山边丰彦和丹吴明恭从1993年起就开展了木结构研讨会。和木工一同举办的研讨会"木工学堂"的成员们也从施工现场带回各种对于设计计算方面问题等的回馈。通过这样扎实地反复提升，才有了"榫卯施工方法"和"传统木结构实验住宅"的诞生。

◆ 传统型木结构实验住宅 [2005年]

结构：木结构2层｜施工：木工学堂学生

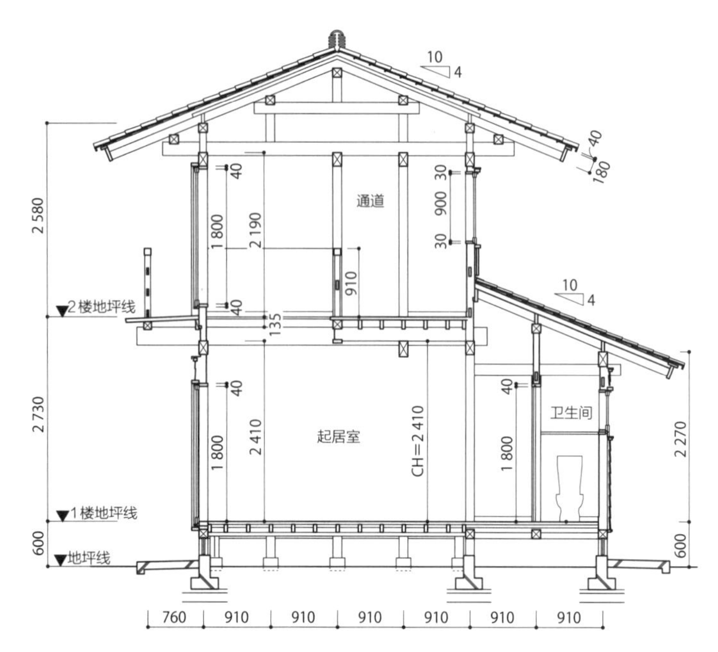

剖面图1:100

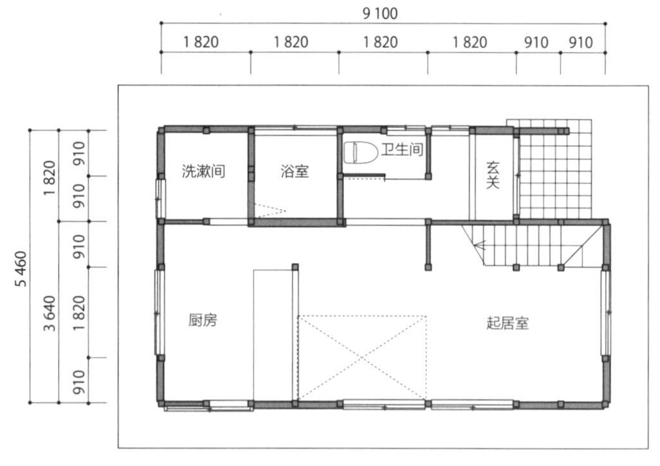

1楼平面图1:150

对木制关节和接头等的耐用性通过等比例实验出来的数据来考证，然后把成果再运用到具体的设计手法上。《建筑知识》杂志很早就开始注意山边丰彦的设计活动，并登载过以《山边丰彦的木结构建筑》为题的短期集中连载（2002年9~12月刊）。他的著作现在甚至成了木结构设计的"圣经"，为许多设计师所称道。

照片：主要结构材料都是天然干燥杉木材料，结构部分材料之间只使用楔子连接（材料提供：山边结构设计事务所）

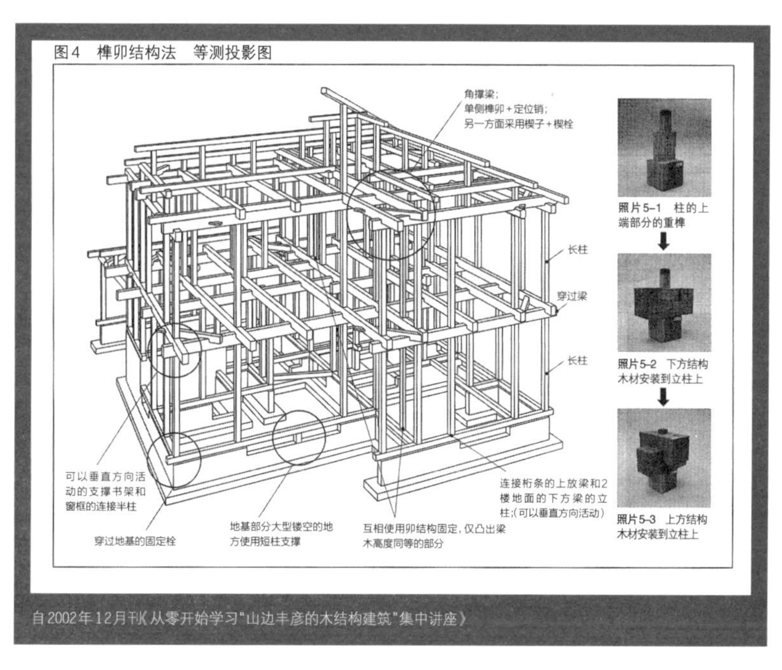

自2002年12月刊《从零开始学习"山边丰彦的木结构建筑"集中讲座》

椎名英三 Shiina Eizo + 梅泽良三 Umezawa Ryozo

（1945—）1967年毕业于日本大学理工学部建筑学科，1968年进入宫胁檀建筑研究室工作。1976年开设椎名英三建筑设计事务所。凭借“光之森林”获得JIA新人奖（2000年），凭借自宅“仰望宇宙的家”获得JIA25年奖（2010年）。

（1944—）1968年毕业于日本大学理工学部建筑学科，同年进入木村俊彦结构设计事务所。1977~1983年在丹下健三都市建筑设计研究所工作。1984年开设梅泽建筑结构研究所。负责了多处著名建筑的结构设计，并确保了其设计上的自由度。

流传到下一个时代的钢铁之家

椎名英三是一个对建筑“空间性”有追求的建筑师。而另一方面，作为户主的结构设计师梅泽良三对于钢铁建筑的追求促成了其采用耐候性钢材营造外观的事务所建筑“IRONY SPACE”的建成，之后又有了这个作品。

“IRONHOUSE”是椎名英三和梅泽良三合力设计完成的住宅作品，是一次钢质三明治板在建筑结构方面的尝试。设在地下的半室外空间把室内外连成一体。这种把室外生活日常化的空间手法是椎名英三的特色设计。占地33 m^2左右的半室外空间直通天穹。这种设计和结构美的合作想必在未来也会成为许多更优秀的住宅建筑的基础。勇于挑战新技术和高品质的空间性能，使得这个作品广受好评并获得了日本建筑学会奖。

◆ IRONHOUSE［2007年］

结构：钢架结构＋钢筋混凝土地下1层・地上2层｜施工：泷泽建设＋高桥工业

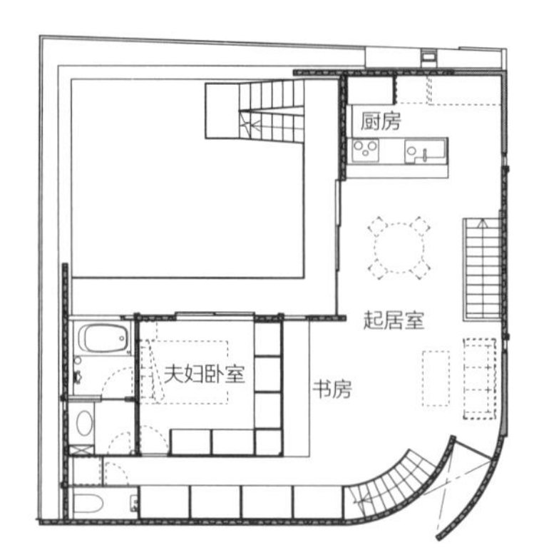

2楼平面图1：200

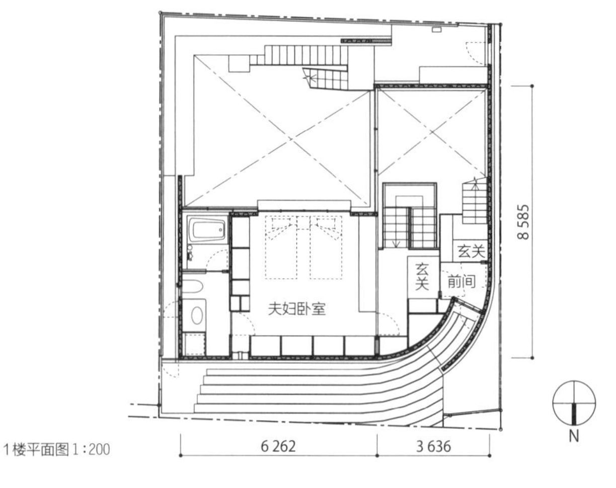

1楼平面图1：200

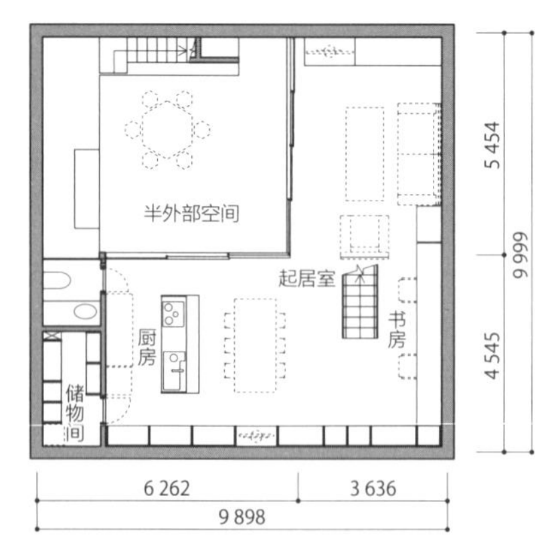

地下室平面图1：200

IRONHOUSE是一个超长期时间性住宅，其地下室采用300 mm厚的钢筋混凝土建成，地上楼层使用了工厂预制的耐候性三明治钢板通过现场防水焊接建成。作为建筑空间的核心，这个建筑有着137亿光年高的天花板，半室外空间配有成套的桌面、长凳和植栽，使得空间兼具深度、广度和柔度。

——椎名英三＋梅泽良三

照片上：从西北侧看到的外观（材料提供：梅泽建筑结构研究所）
下：地下起居室仰望半室外空间（材料提供：椎名英三建筑设计事务所）

西方里见

Nishikata Satomi

(1951—)1975年毕业于室兰工业大学建筑工学科。同年进入青野环境建筑研究所工作。1981年在故乡秋田县能代市开设西方设计工房。大学时代学习了寒冷地区建筑的设计建造、在青野环境建筑研究所学习了木材和木结构住宅的设计建造。致力于高保温、密封性能的住宅和生产系统的设计、开发与普及。凭借"卧龙山之家"获得第三届可持续住宅奖・日本国土交通大臣奖[注]。

超越次时代节能标准的高性能住宅实践

西方里见和新木结构住宅技术研究协议会[新住协/代表：镰田纪彦(室兰工业大学教授)]一同提倡并实践使用具有高保温与密封性能、并对人体负担较小的建筑材料，对设计和施工者产生了广泛深远的影响。

近年来日本住宅对于高保温与密封性能等节能化需求日益增进。其契机是1999年修改的次时代节能基准。以"Q值"(热能损失系数)等数值来按地区规定用以表示建筑的各项性能指标。

另一方面西方里见也强调材料和施工方法中优缺点同时存在、必须选择地区、预算等条件下性价比较高的施工方法以及无论如何施工精度最为重要的三个原则。并且他以包含全套室内暖气和规划换气在内的各种要素之间能够均衡为理想，提供暖气和换气系统的机器选择等实践性的技巧帮助。建在秋田县能代市的"卧龙山之家"就是新住协所推荐的超节能高保温性能住宅"Q1计划"的一个作品。

[注]：相当于我国国土资源、交通部长。

◆ 卧龙山之家 [2008年]

结构：木结构2层｜施工：池田建筑店｜基本规划：室兰工业大学镰田研究室

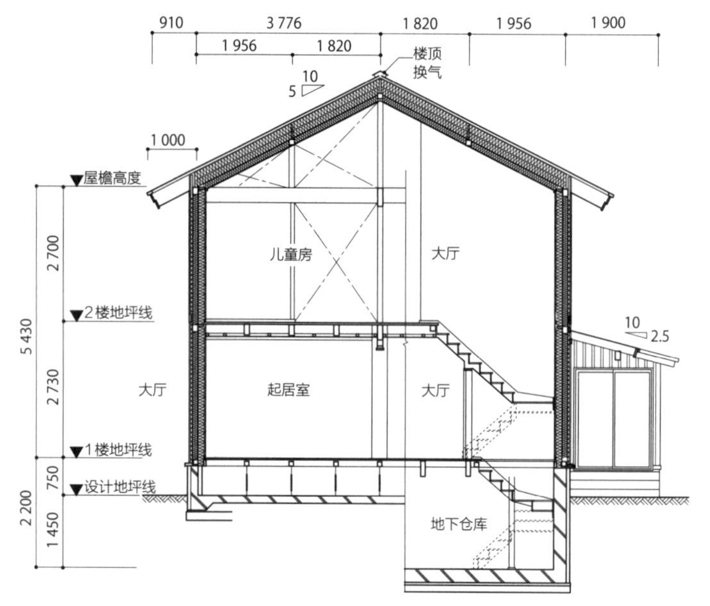

剖面图1:150

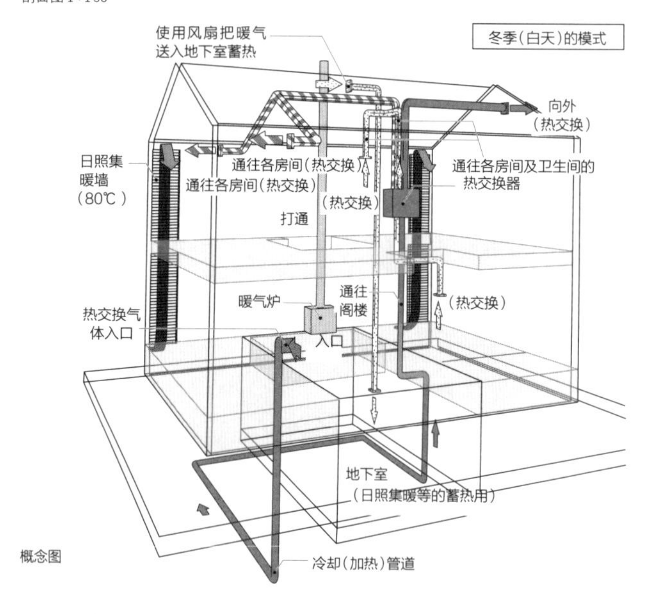

概念图

一贯以来住宅设计中建筑物理学方面考虑的都是热能和水蒸气流向之类的事情，并以建筑生产的方式去看待。石油危机刚过通过高保温・密封性能的施工方法，开始设计不结露等节能保暖的住宅。其后引入建筑生物学概念后，建筑主体的进化就在卧龙山之家中体现出来，达到了Q值(室内外温差1度时，单位平方米溢的热量值)0.69 W/m²K、C值(建筑总缝隙当量值)0.1 cm²的程度。并使用了太阳能、地热之类自然能源，以及符合建筑生物学理念的木材、燃料球等。

照片：屋顶采用400 mm厚的高性能玻璃棉24 k，墙面厚度250 mm，窗户部分采用三重氩气Low-E玻璃和木质窗扇、Q值达到了0.69 W/m²。南面设有太阳能集热墙面，屋顶铺设有太阳能热水管道。建筑内有可以使用木材和燃料球的炉灶以及热交换换气系统，排有热(冷)气管

[摄影：西方里见(照片上、下)、池田新一郎]

伊 礼 智

Irei Satoshi

（1959— ）1982年琉球大学理工学部建设工学科规划研究室毕业后，在东京艺术大学美术学部建筑科研究院完成研究生学业。在丸谷博男+A&A工作后，于1996年开设伊礼智设计室。通过《设计的标准化》等致力于提高住宅的品质。主要著作有《伊礼智的住宅设计》（X-Knowledge）等。

通过标准化提升住宅品质

对伊礼智来说，“9坪之家”和“15坪之家”等小住宅简直是信手拈来。他不断地活用素材、在基底和细节部分下功夫来设计出许多优质的“普通住宅”。在住宅设计方面，能够保证一个设计师应该做到的设计性和优秀的居住舒适度，同时他也在提倡“设计的标准化”从而提供适当价格和良好施工质量下的高品质住宅。

“守谷之家”居住着户主一家三口和宠物狗。伊礼智从叫作“铭苅家住宅”的冲绳民宅中学习到的对高度和面积的有效控制运用到这个设计中，具有美感的高度融入整个住宅令人舒适的外形中。南侧高低外伸的人字形屋檐采用白州火山灰粉刷墙面，令人印象深刻。室内也采用火山灰为原料的萨摩中雾岛墙等天然材料建成。窗户和家具上下了一番功夫，紧凑而又能营造出舒适的空间感。“成品住宅”的理想之花在这里结出了果实。

伊礼智给住宅建造带来了新的标准，并因此而受到热切的关注，成为了一位改变现代住宅建造模式的建筑师。

◆ 守谷之家 [2010年]

结构：木结构2层｜施工：自然和住居研究所

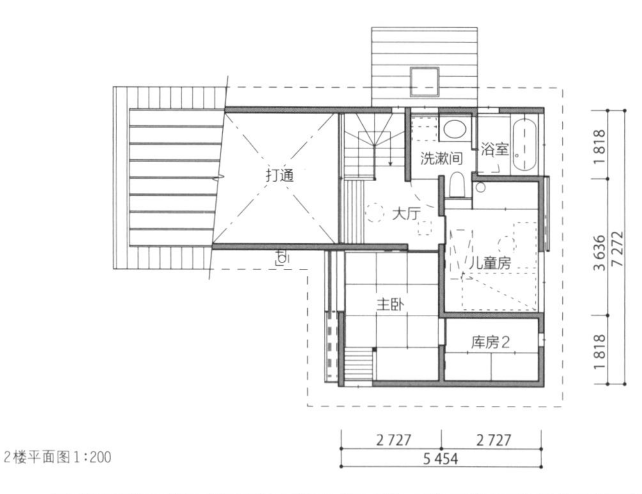

2楼平面图1:200

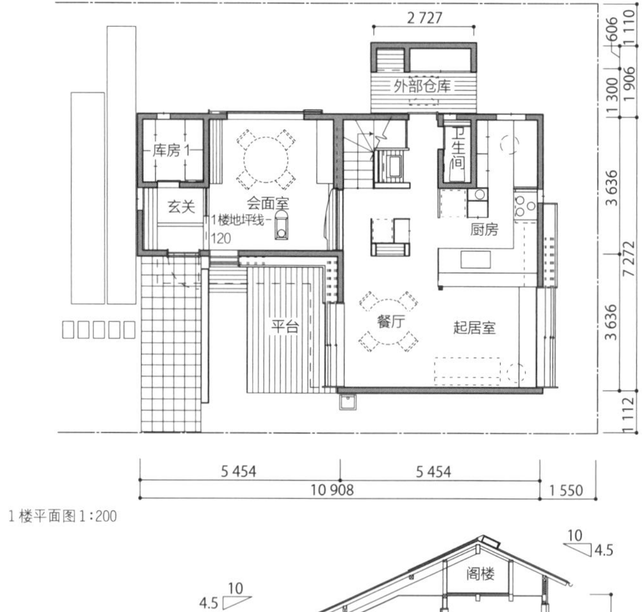

1楼平面图1:200

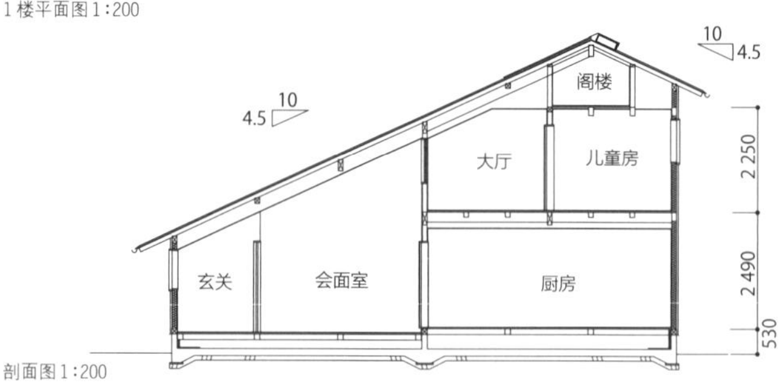

剖面图1:200

《建筑知识》2004年2月刊的特辑《内部装修设计细节便利贴》中大篇幅登载了伊礼智的设计手法“i-works”。此后不仅是关于住宅设计的一些想法，也委托他写了各种主题的文章。伊礼智在2000年以后可以说是在《建筑知识》上登场最多的一个作者了。

照片上：建筑正面的混凝土护栏以冲绳民居中常见的“HINPUN”为模板设计。不仅用来遮挡视线，也有辟邪的含义在里面。担当了缓冲连接私人和公共领域的功用

下：打通的天花板控制在4 120 mm的低高度上，通过地面窗户的设置降低房间的重心，营造出舒适的空间感

（摄影：西川公朗）

建筑中内部装潢的重要性逐渐凸显出来。换言之建筑和内部装修也向着一体化不可分隔的倾向也势不可挡。这幅插画是远藤政树和上岛直树协同在室内装潢方面的一次尝试。

Visual Column

和建筑浑然一体的内部装修（2011年12月刊）

——通过结构实现的前所未有的内部装潢效果

远藤政树・上岛直树/EDH远藤设计室・千叶工业大学

1. 脚踏实地探索现状中的问题

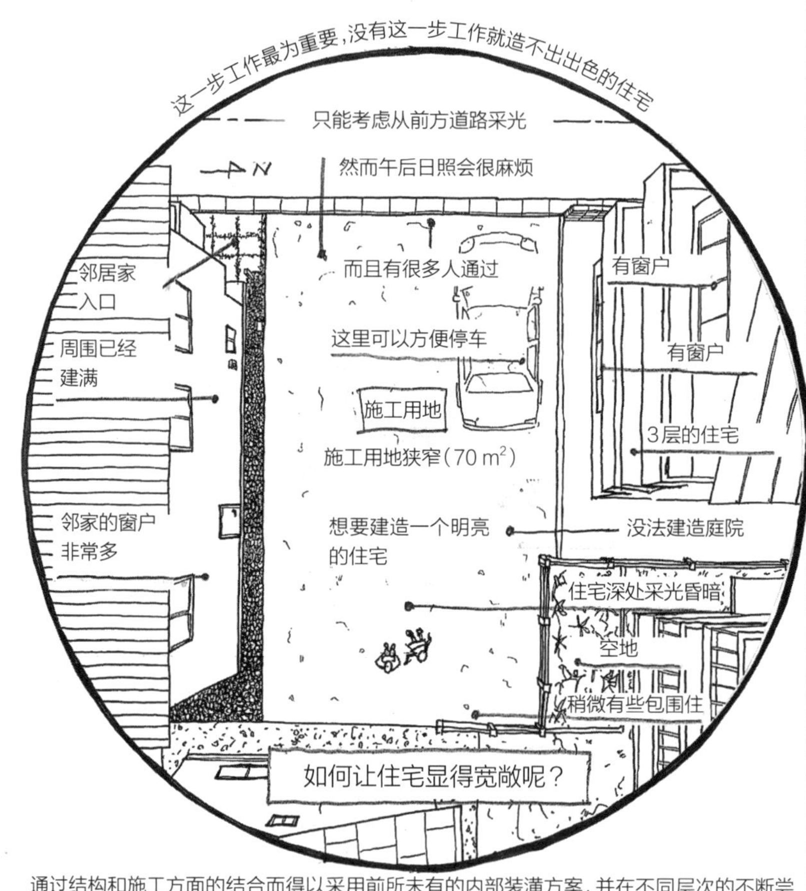
这一步工作最为重要，没有这一步工作就造不出出色的住宅
只能考虑从前方道路采光
然而午后日照会很麻烦
而且有很多人通过
邻居家入口
周围已经建满
这里可以方便停车
施工用地
施工用地狭窄（70 m²）
有窗户
有窗户
3层的住宅
邻家的窗户非常多
想要建造一个明亮的住宅
没法建造庭院
住宅深处采光昏暗
空地
稍微有些包围住
如何让住宅显得宽敞呢？

通过结构和施工方面的结合而得以采用前所未有的内部装潢方案，并在不同层次的不断尝试中去实践理论的正确性。

参考文献：《建筑知识》1988年5月刊《以老手标准制造家具》

发布序号
2011年12月刊

特　辑
活用空用的家具设计

内　容
和建筑浑然一体的内部装修

图书在版编目(CIP)数据

日本奇迹住宅 / 日本建筑知识编辑部编；朱轶伦译
— 上海：上海科学技术出版社，2016.8
（建筑设计系列）
ISBN 978-7-5478-3171-7

Ⅰ.①日… Ⅱ.①日… ②朱… Ⅲ.①住宅-建筑设计-日本 Ⅳ.①TU241

中国版本图书馆CIP数据核字(2016)第165216号

日本奇迹住宅

[日] 建筑知识编辑部 编 朱轶伦 译

上海世纪出版股份有限公司
上 海 科 学 技 术 出 版 社 出版
（上海钦州南路71号 邮政编码200235）
上海世纪出版股份有限公司发行中心发行
200001 上海福建中路193号 www.ewen.co
上海中华商务联合印刷有限公司印刷
开本 787×1092 1/16 印张 9
字数 300千字
2016年8月第1版 2016年8月第1次印刷
ISBN 978-7-5478-3171-7 / TU · 234
定价：48.00元